刘昌明的水文人生

李换运　刘苏峡　吴永保　著

内容提要

刘昌明院士，著名水文水资源学家，从事水文科学研究60余年，是我国现代地理水文研究的主要开拓者和引领者，对我国水文事业的发展做出了卓越贡献，在国内外均有很大影响。本书以博考原始材料为基础，以传记文学的表现手法，配合历史照片，讲述了刘昌明为了祖国的需要而刻苦求学、敬业执着、创新进取、诲人不倦的经历和杰出贡献。本书叙事简洁，文字质朴，图文并茂，每位读者或许都能从刘昌明的故事里受到启发、获得感悟，激励自己前行。

图书在版编目（CIP）数据

刘昌明的水文人生 / 李换运，刘苏峡，吴永保著
. -- 北京 : 中国水利水电出版社，2023.4
ISBN 978-7-5226-1498-4

Ⅰ. ①刘… Ⅱ. ①李… ②刘… ③吴… Ⅲ. ①刘昌明
—事迹 Ⅳ. ①K826.16

中国国家版本馆CIP数据核字(2023)第067852号

书　　名	刘昌明的水文人生 LIU CHANGMING DE SHUIWEN RENSHENG
作　　者	李换运　刘苏峡　吴永保　著
出版发行	中国水利水电出版社 (北京市海淀区玉渊潭南路1号D座 100038) 网址：www.waterpub.com.cn E-mail：sales@mwr.gov.cn 电话：（010）68545888（营销中心）
经　　售	北京科水图书销售有限公司 电话：（010）68545874、63202643 全国各地新华书店和相关出版物销售网点
排　　版	北京金五环出版服务有限公司
印　　刷	天津嘉恒印务有限公司
规　　格	184mm×260mm　12开本　17.25印张　218千字
版　　次	2023年4月第1版　2023年4月第1次印刷
定　　价	100.00元

前 言

刘昌明院士，是国际知名水文水资源学家，曾担任中国科学院地理研究所水文室主任、中国科学院石家庄农业现代化研究所所长、北京师范大学地学部主任、北京师范大学水科学研究院首任院长。先后主持了科技部“973”项目、国家自然科学重大基金等国家重大项目，完成了20余项国家科技发展咨询项目。在国际与国内专业期刊发表了学术论文500余篇，编撰专著50余部。获得了国家与省部各级奖项20项。曾任国际地理联合会（IGU）副主席、国际大地测量与地球物理联合会国际水文科学协会（IAHS）中国国家委员会副主席、国际地球系统科学联盟全球水系统（ESSP-GWSP）指导委员会执委等职务；任《地理学报》《中国生态农业学报》等主编，并在*Hydrological Processes*、*Water International*、*Eco-Hydrology*等多个专业杂志担任编委。主持与组织了多次国际交流与合作。从1978年开始，累计培养研究生（包括硕士、博士与博士后）140余名。虽步入耄耋之年，至今仍奋斗在科研一线。

刘昌明院士为了祖国的需要，选定水文地理为自己毕生追求的专业，经过重重困难仍然矢志不渝；为了祖国的需要，他赴西北、青藏，建立了极具应用价值的稀缺或无资料地区的水文计算及预报方法和模式；为了祖国的需要，他针对黄河断流、华北节水农业、“南水北调”工程环境影响等多个涉水的国家重大需求，开展了系统研究，经常夜以继日地工作；为了祖国的需要，他始终关注支持水科学学科的人才培养与学科发展，以他特有的严谨治学与言传身教深深影响着每一位学生，将自己的一生奉献给了祖国的水文事业。为了祖国的需要，成为刘昌明院士一生的座右铭，成为他始终不渝的追求，成为他几十年不懈奋斗的动力。

为了让更多人了解刘昌明院士的光辉水文人生，成立了由刘昌明院士办公室主任吴永保牵头，刘昌明院士的首名博士生刘苏峡为主要参与人员的采集小组，于 2016 年 7 月开始，开展了对包括刘昌明院士的纸质、音像和实物的资料采集，关于其求学历程、师承关系、工作经历、学术成就的专题采访。采集小组对其学术成长中的关键节点、重要事件认真核实，对已经公开发表的回忆、研究资料仔细分析，在采集成果基础上，以刘苏峡为主要执笔人，完成了题目为《为水之昌明——刘昌明传》的采集工程研究报告，于 2019 年 10 月 10 日首次向中国科协提交，于 2023 年 3 月 22 日完成和提交了修改稿。

在采集工程研究报告基础上，2021 年，作家李换运先生与刘苏峡、吴永保合作，配合进一步采访，辅以历史照片，以故事形式记述刘昌明院士的学习工作经历，描绘刘昌明院士开展国内外合作，满足国家重大水需求的科研画面，刻画刘昌明院士为了祖国的需要所经历的艰辛和壮观的科研成就，为读者展示科学家科研背后的宝贵精神财富。

今天，经过包括刘昌明院士在内的老一辈水文科研工作者的奋进和引领，我国的水文事业已蒸蒸日上，面貌焕然一新，科研条件也显著好于从前。但随着社会发展，水系统的复杂性增加，水文事业已经和将会遇到更多新的水问题。前辈的漫卷经历饱含丰富营养，鼓励后辈克服新征程上的新困难，为促进水文水资源学科的进一步发展而不断前行。

本书的出版，得到了中国科学院地理科学与资源研究所、北京师范大学、中国科学院石家庄农业资源中心、中国水利水电出版社等单位的大力支持，在此一并致以诚挚的感谢。

作 者

2023 年 4 月 12 日

目　录

求学之路

“老师，您放心，我服从祖国的需要，一定会好好学习。”刘昌明做出这样的表示。这种毫不犹豫，斩钉截铁的表示，成为刘昌明一生的座右铭，成为他始终不渝的追求，成为他几十年不懈奋斗的动力。

1956年的6月，刘昌明从西北大学毕业，乘坐火车去往南京工作。他的心情非常好，因为一向出类拔萃的他毕业成绩班级第一，获得了“优等生”的荣誉；同时，中国科学院到西北大学招工，他被择优录取，可谓双喜临门。

旅途迢迢，无人打扰，非常适宜回忆或憧憬，刘昌明便是在回忆过去和兴奋地憧憬未来中度过寂寞的时光。

刘昌明祖籍是湖南省汨罗市，但他出生在长沙市，生日是1934年的5月10日。他两岁那年，尚在蹒跚学步，便跟随父母去往西安，之后为避战乱移居汉中。7岁时，他开始在汉中的明德小学读书，这是一个教会办的学校。从家里到学校要走两公里的路，刘昌明有时独行，有时与同学结伴。不管怎样，总是让父母揪心，因为在那烽烟四起的岁月，他要随时躲避日军飞机的轰炸。

1943年年底，因为父亲到成都工作，他和母亲也只得随迁。在烽火硝烟中，刘昌明读完了小学，于1947年考取浙蓉中学读初中，两年后则考入四川省立成都中学。当时，这座学校属重点之列，素有“校风好、学风好、考风好、师生感情好”的“四好”美誉。恰值少年的刘昌明在这样的学校里读书，如良木沐浴春风雨露，对其成长不无益处。

在成都读书的那些年里，不曾读过书的母亲对刘昌明的读书却极是关心，总是和颜悦色地督促他学习。刘昌明天资聪慧，读书认真，尤其懂得如何学，成绩自然让父母高兴。那时候，浙蓉中学有个令人“胆颤心惊”的规矩，每逢周六下午放学的时候，老师便会一脸严肃地站在教室门口，听学生们逐一背诵课文。谁若背不过，教鞭随之伺候，还要回教室再背。那一刻，对有的学生如同过关，不免心慌意乱，战战兢兢，刘昌明则轻松自如。不管课文长短，他总是背得滚瓜烂熟，不漏一字，老师的教鞭便从来没有触及过他。

母亲知道他读书用功，成绩也好，心中自然喜悦不尽，奖励便接连不断，做些可口的饭菜是奖励的形式之一，而“油泼辣子”则是母亲的绝活，也是刘昌明最喜欢的美食。后来，他离开成都去外地读大学，母亲的奖励就成为一种偶有回味的乡愁了……

突然，坐在火车上回忆大学时光的刘昌明禁不住窃笑了，因为他想到了那件终生难忘，乃阴差阳错才有的事情，也是决定他此生命运的事情。在那个新中国百废待兴，工农业生产如火如荼的年代，蒸蒸日上的工业尤其为人青睐，很多胸怀鸿鹄之志的年轻人喜欢上机械工程，填写大学志愿时多与此有关。刘昌明上大学时所填写的第一志愿就是机械工程。

他所报考的西北大学始建于光绪年间，抗战爆发后，国立北平大学、国立北平师范大学、国立北洋工学院和国立北平研究院等西迁，于西安成立西安临时大学，后为国立西北联合大学。新中国成立后，改名为西北大学。刘昌明进入到这样一所师资力量雄厚的大学，激情满腔，一心想在兴趣所至的专业有所成就。

“我们商量过了，准备把你调到地理系去，听听你的想法。”到西北大学报到不久，刘昌明就被老师叫去谈话。

突如其来，意料之外，与自己的兴趣没有一丝一毫的关联，刘昌明当然不乐意，直接回道：“我不想去！”

刘昌明（右）8 岁时和母亲、弟弟合影

中学时代

大学时代

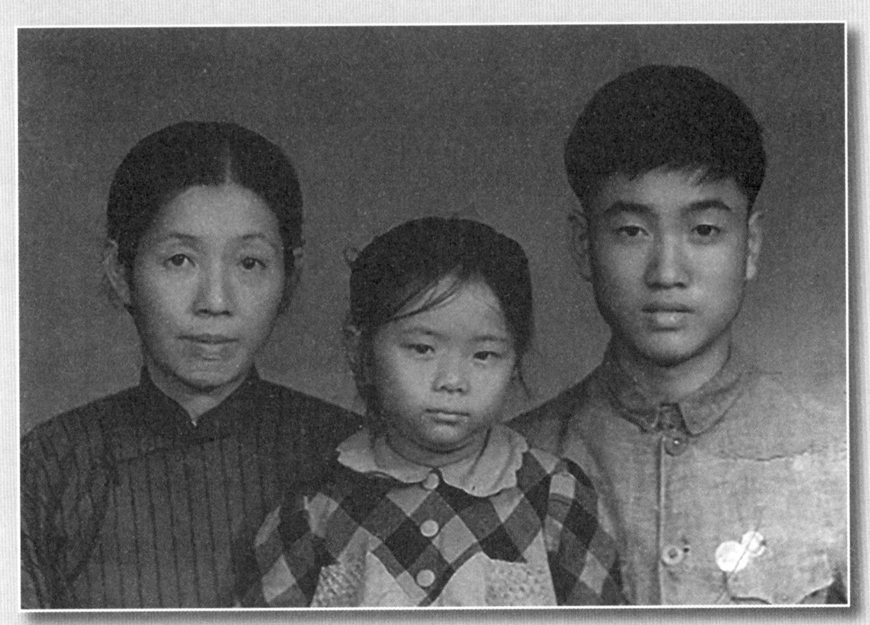

刘昌明 15 岁时与母亲、妹妹在成都合影

“学地理也是不错的，以后是个热门，你再考虑考虑。”

刘昌明考虑的结果仍是不想去，但还是被分配到地理系。

“同学，你看，是这样的，让我给你讲讲。”有一天，老师把学习上打不起精神的刘昌明叫到了办公室，开始讲国家工农业落后的现状，讲改变现状的途径，接着讲设置地理专业和培养这方面人才的重要性。最后，老师提高了讲话的声音，几乎是一字一顿地说道，“祖国建设需要这方面的人才，你们年轻一代应该为国家的未来着想，哪怕牺牲自己的爱好。”

在那个年代，“服从祖国的需要”是无比崇高的价值追求，很多年轻人就是因为这一句话，放弃自己的兴趣爱好，放弃舒适的生活，放弃故乡和亲人的陪伴，奔向祖国最需要的地方，哪怕再艰苦也无所踌躇。老师讲到如此高的境界，深深触动了刘昌明的心。

“老师，您放心，我服从祖国的需要，一定会好好学习。”刘昌明做出这样的表示。这种毫不犹豫，斩钉截铁的表示，成为刘昌明一生的座右铭，成为他始终不渝的追求，成为他几十年不懈奋斗的动力。这是一种到了耄耋之年都丝毫没有减退的动力，日复一日地推动着他前行。

他就是揣着“服从祖国需要”的信念读了四年书，而且以令人刮目相看的成绩完成了所学课程，并阅读了很多课外书籍，还饶有兴趣地继续学习二胡、小提琴技艺，并荣任西北大学合唱团团长！

大学四年，刘昌明并非苦读，而是乐读，且读书不分场合，课堂、宿舍、图书馆可读，厕所里也可读，经常读到忘记时间。《天津大学水文学讲义》、苏联水文学家加夫里洛夫所著的《实用水文学》、讲述植物与水分关系的《植物生理学简明教程》等书籍就是在那段时间被他反复阅读。

由于博览群书，获知较多，促使他跳出既定的课程去思考问题，开始撰写论文。读大三那年，他在《地理知识》杂志上发表了个人的第一篇论文《地图上测定流域面积与河长的方法》。《地理知识》是《中国国家地理》的前身，由中国科学院创刊于 1950 年。能在如此高规格的专业杂志上发表文章，实属不易。更为可贵的是，作为大三的学生，能把现在仍为专业人士所深入探讨的问题，在 60 年前就说出个子丑寅卯，就不能不让人另眼相看了。

若不是学了本不想学的地理专业，若不是被中国科学院看中，毕业后的他就不知去往何方了。想到了这一层，他才从心底发出笑声："人生的路，有时候是在不经意间改变着。"

刘昌明到南京，是去中国科学院地理研究所（简称"地理研究所"，1999 年与自然资源综合考察委员会整合成为中国科学院地理科学与资源研究所后，简称"地理资源所"或"中科院地理所"）报到。在那里，他第一次见到了后来成为他人生导师和业务导师的所长黄秉维先生。黄秉维 1934 年毕业于中山大学地理系，1955 年被选聘为中国科学院学部委员（院士），后来还被选为第五届全国人大常委会委员、第六届全国人大代表。

那时候的黄秉维，在业界已经声名显赫，刘昌明能在他的指导下从业，并一直受到他的栽培是人生幸事。

在入职面试中，刘昌明讲到自己对水文研究有着浓厚的兴趣，这给黄秉维留下了不错的印象。尤其是看到刘昌明撰写的毕业论文《黄河径流的初步分析》，条理清晰，逻辑性很强，非一般学生所能企及，对他由衷地喜欢。当时就讲道，北京有几个研究水文的专家，将来可以介绍给刘昌明，让这位刚刚进入工作岗位的年轻人备受鼓舞。

刘昌明在南京工作了不久，就随着地理研究所搬迁到了北京。

1964 年，刘昌明与母亲、弟弟、妹妹在湖南岳阳合影

1971 年冬，刘昌明与母亲、妹妹游览颐和园

百年奋斗创母校，
美誉天下扬蓉城。

刘昌明中科院院士
一九五〇年入校学生

刘昌明给母校四川省立成都中学（现为四川省成都市第二中学）的题字

走进祁连山

“只要自己用心做事，在哪一行里都能有所贡献，像金子一样发光发热。”

甘肃省自唐以前乃林茂草丰之地，宋以降因为盲目垦荒、滥伐林木、过度放牧，水土流失严重，旱灾频仍。苦苦煎熬中的百姓流离失所，“饿殍遍野”“卖儿鬻女”“死者无算”的描写不绝于史。

新中国要改变旧面貌，防止旱灾也在其列。1958 年的“大跃进”，令全国各地的人们热血沸腾，狂想迭出，少雨多旱的甘肃省也提出“百库千渠万眼井”的口号，希望在一两年内实现库、渠、塘的网络化，合理利用水土资源，以减少干旱对人民生产生活的影响。要实现这些目标，水利工程建设之前的勘察必不可少，于是甘肃省请省内外专家来“会诊”。那时候，这项集土壤、矿产、植物、动物、畜牧、水文、冰川等于一体的综合考察得到了苏联专家的指导。因为与青海省境内的相关考察同时进行，所以称为“甘青综合考察”。中国科学院地貌研究专家罗来兴带着数十名队员前往，刘昌明也在其中。

1958 年 4 月的一天，他们踏上了从北京开往兰州的列车，刘昌明与地理研究所副研究员施雅风坐的是面对面的硬卧下铺。这次同行，差一点改变了刘昌明一生的研究方向。

在长达 36 个小时的缓慢行进中，欣赏风景之余，他们有充分的时间海阔天空地交谈。施雅风后来因为对冰川的研究卓有贡献，被称为“中国现代冰川之父”。他曾经就读于国立浙江大学史地系，获得过著名地质学家叶良辅的教诲，并在黄秉维教授的指导下完成了论文《华中水理概要》。

毕业后，他到重庆北碚中国地理研究所工作，1953 年调北京任中科院地理研究所副研究员，从事地貌区划研究，次年兼任中科院生物学地学部副学术秘书。参加“甘青综合考察”的时候，他已经发表了《川东鄂西区域发展史》《川西地理考察记》《三峡水库区经济调查报告》等论著，并对冰川研究产生了浓厚的兴趣，参加过河西走廊和祁连山西脉的冰川考察。

此前，刘昌明对施雅风有所了解，这次促膝交谈加深了认识，敬佩之情渐谈渐浓。施雅风不时望着对面这位二十四五岁的年轻人，观察他的谈吐举止，概略知道了他的读书和工作情况，不禁暗暗地喜欢起来。那一刻的施雅风不会想到日后的刘昌明会在业务上成为他的“同门师弟”，很多时候就教于黄秉维先生。

“昌明，你觉得冰川研究有意思吗？”施雅风已经有意识地谈过冰川研究的意义和乐趣，在他们将要结束行程的时候，突然温和地问道。

“我听您说得很有意思。”

“如果喜欢，就跟我一起来做事，好吗？”施雅风把身子稍稍朝刘昌明跟前靠近了一些。

刘昌明那时候虽然已经接触水文研究，毕竟涉猎不深，何况水文研究和冰川研究并非鸿沟横亘，跨越过去也容易，且想到跟着一个有显著学问和成就的人做事对自己大有裨益，所以稍加思考就说道：“我很愿意，不知道所里是不是同意。”

“这个我来说，只要你本人乐意。”

“我听老师您的意见。”刘昌明这样说的时候，心里非常自信地想，“只要自己用心做事，在哪一行里都能有所贡献，像金子一样发光发热。”

“好，就这么定了，我到了兰州就给单位打电话！”

到达兰州，迎接他们的是一场凶猛罕见的狂风，尘埃遮天蔽日，景物恍如虚幻。春寒料峭时节，穿着厚厚的毛衣并不觉得暖和，棉线织的手套都被冷风打透了，还有细细的沙粒儿钻进去。下榻的中科院招待所在盘旋路上，招待所的门窗密封不严，地板上、床单上、桌子上、椅子上，还有那铁皮暖壶上都浮着厚厚一层尘土，用手一划就是一道清晰的痕迹。他们就是在这样的环境里开始了工作。

施雅风要做的第一件事就是给地理研究所领导打电话，商谈刘昌明改专业的事。可是，没有得到允准，刘昌明在地理研究所老一辈专家的眼里是可塑之才，水文方面的专家舍不得放。

施雅风把沟通的情况告诉了刘昌明，并鼓励他依旧踏踏实实做好自己的专业，刘昌明没有辜负他的厚望。

他们开始听取情况和参与分工，丰富着原有的认识：甘肃的内陆河源于祁连山，山间地下水与冰川融水的涓涓细流汇聚成多条河流，奔腾于河西走廊。刘昌明他们参与的勘察，就是在这些河流形成的石羊河水系、黑河水系、疏勒河水系和苏干湖水系，具体说就是在祁连山山区、酒泉盆地和金塔以北地区，通过实地勘察和借助原有的水文资料进行降水量、蒸发量、水位、流量、泥沙、冰凌、地下水、水质等的研究。

中国科学院的人员与当地及其他地方来的人员混编，组成各种专业的考察分队，罗来兴担任水利水源分队队长，刘昌明任水文组组长。他们组里的成员来自甘肃省水利工程勘测设计院、兰州大学、西北农业大学（现为西北农林科技大学）等单位，有二十多个人。

四月下旬，各路考察队纷纷离开兰州。刘昌明所在的考察组配备了两辆卡车，既拉人，也拉着野外作业必需的帐篷、炊具和各种勘察仪器。沿着河西走廊西行千余里，大本营就设在了酒泉。

几十年后，刘昌明回忆起第一次进入祁连山深处的情景，依然历历在目。

要进入到祁连山的峡谷了，所经处，山高坡陡，乱石错落，道路崎岖狭窄，汽车无法通行。他们只能雇佣当地裕固族的人用牦牛托运物品，队员们则是骑马而行。

从那一天起的很多时间里，刘昌明和队员们就是骑着马往来于勘测点。马不是固定给某一个人，谁碰上哪匹马就骑哪一匹，人与马彼此不熟悉，何谈默契？有时候碰上难以驾驭的马，还要翻山越岭，或是在道路窄窄的悬崖边上行进，或是涉水过河，或是遇到狂风暴雨，马比平时更难驾驭，骑者不免提心吊胆，惶恐不安。刘昌明以前没有骑过马，只好慢慢地适应，首先要克服的便是恐惧心理，然后才一天天进步，学会比较舒服地骑行。

他们进山的第一天，翻过一座山的垭口，到了山的阳面，大有豁然开朗之感。举目望去，在草坪与灌木的中间，有一条蜿蜒而去的河，河水映着夕阳的余晖，波光闪烁，炫人眼目，如飘动的彩色丝绸一般。大家不禁兴奋地欢呼长啸，有善骑者竟策马疾驰起来，直奔河的中央，马蹄荡起一簇簇浪花。

从山顶到河边，是一片草甸，草刚刚绽出绿色，如柔柔的绒毯铺展开来。

那一夜，他们在那里搭了帐篷宿营。山里昼夜温差大，寒风从帐篷的底部不停地吹进来，冷飕飕的；或许是细细的砂石被风席卷着落在帐篷上，噼里啪啦，烦人的响声一刻不停。刘昌明难以入眠，本想打开手电筒看书，又怕打扰别人，只好静静地躺着假寐。

昨天看到的河流是美艳娇柔的，不料想它也是冷酷无情的。第二天早饭后，大家分头去工作，刘昌明和几个人测量河水的流速、流量、温度。他们选水浅的地方下去，那清澈见底的河水看似流速不快，却让人有湍急的感觉，要站稳必须用些力气。河水从雪山流过来，路途还不远，寒气犹在，似乎是刚刚融化的冰水一般，膝盖以下浸在水中，就像被冰块包裹了，挤压着，肌肉紧紧地收缩在一起。刘昌明在南方长大，如此的寒凉还从来没有经历过，没多久牙齿就开始打颤了，与人打招呼也没有平日那清晰的口音。他看到别人的嘴唇是青紫的，想象自己的也必是那样了。

这样的苦头，在天气变暖之前的那段时间，他们还承受过多次。有一次，他的腿还抽筋了，疼得不能站立，只好在他人的搀扶下，一步一挪地从河里走出来，在草地上把腿揉了好久才松弛下来。

从那天起的几个月里，刘昌明和他的水文组成员视考察进度，每隔十天半月就转移一个地方，除了短时间去酒泉开会外，都是在野外度过。他们有时候骑马，有时候步行，翻山越岭，深入密林，穿越沟壑戈壁，漂流湖泊溪水，经历了寒冷、风雨、酷热、缺氧等种种考验，也曾经在灌木丛中开辟勘测的路，披荆斩棘，苦辛备尝。

在野外的日子里，几乎天天早出晚归，中午饭是一成不变的冷馒头就咸菜，喝着已经凉了的白开水。那馒头或咸菜，有的是装在铝制的饭盒里，有的干脆装在布口袋里，往腰上一拴还很方便。天长日久，大家的皮肤粗糙了，脸上也渐渐有了当地人才有的“高原红”。

野外考察，刘昌明和他的水文组在千余里祁连山中，几乎走遍了所有大大小小的河流，获得了非常宝贵的第一手资料。他们结合以往的水文资料，通过精确地计算推导，对那一带的水文情况做出了科学的分析，刘昌明还与同事张云枢合作发表论文《甘肃内陆河流水文特性的初步分析》。此文加之其他研究成果，成为当地充分利用水资源，搞好水利建设的重要依据。

就在综合考察工作开展的时候，酒泉钢铁公司也在筹建中。1955 年，地质工作者在祁连山腹地的桦树沟和黑沟发现了储量大、质量好的铁矿石。三年后，国家决定在酒泉县城西 22 公里、嘉峪关城楼东 6 公里处的戈壁滩上建设酒泉钢铁公司，设计规模年产钢锭 200 万吨。

炼钢厂要用大量的水，当地可用水不足，必须从远在三十里外的山间引来，原设计是开渠引水。刘昌明和水文组的人在那一带考察，认为渠道送水渗水多，蒸发量大，对水资源利用有害。

“我们建议用管道输水，可以忽略渗水和蒸发的损失。”刘昌明代表水文组向政府提出建议。

“这是个节水的好主意，我们怎么就没有想到！”当地人茅塞顿开，不禁称赞，“到底是专家，看问题就是高人一筹。”

刘昌明的建议立刻得到了政府和酒泉钢铁公司建设方面专家的赞同。接下来，刘昌明他们通过进一步勘测，对如何设计输水管道给出了具体的方案。这是水文勘察立竿见影之策，受益久远。

几个月的水文勘测结束之后，吃过多少苦，刘昌明似乎已经忘记，但他记住了“甜”。

他不止一次地讲道，“当地人做的手抓饭原汁原味，想起来回味无穷。青稞酒，我也喝一点！”

他是乐观主义者，从不以苦为苦，所以勘察之中遭遇的辛苦很快就忘掉了。

也就是从那次考察开始，甘肃水利界认识了他，开始关注他在水文方面的研究成果，所以有时候还会请他献计献策。前些年，他就曾经建议引哈勒腾河的水北上，注入党河水库，以缓解党河流域水资源不足的状况。这个策论，引起了很多专家和官员的深刻思考。

几十年后，值 2021 年的初夏，刘昌明仍在就这个对策认真研究着。

求学莫斯科

“我的祖国需要水文水资源的研究，我作为新中国的建设者应该在这方面多做一些研究。我就是抱着这样的理想来向老师们求教的！”

20世纪50年代末到60年代初，因为苏联经济、科技处在世界领先地位，可学之处很多，我国不断地选派科技人员和留学生到苏联去。1959年5月，中国科学院决定选派系统内部分年轻人员到苏联留学，北京本部和所属的各省研究所、试验站都有人员推荐。在中国科学院地理研究所，专家经过认真考核，刘昌明成为唯一的人选。

这个结果，顺理成章。专家们从刘昌明的档案里看到，他在西北大学期间潜心专业，读书广泛，善思考，讲效率，读大三的时候就有论文发表。1956年，中科院西安分院组织西北农业大学、西北大学师生深入秦岭考察地质地理自然资源，刘昌明成为其中一员。在一个月的时间里，他随着勘察队住帐篷，宿寺庙，睡农家，或野炊，或冷餐，经历狂风暴雨，攀援悬崖陡壁，做事严谨，聪明好学，吃苦耐劳，从无怨言，给带队老师留下深刻印象。

至于在甘青综合考察中的良好表现，专家老师们知道得就更加具体清楚了。

当然，还有一件事为其增色不少。为了适应国家急切的需要，北京大学在20世纪50年代后期创建了地理系。然而，1958年10月，一位教水文的老师因为被戴上“右派”的帽子而停止了授课，大三和大四水文专业课程没有人教授了。大四的学生们还有半年多毕业，请老师继续授课迫在眉睫。那时候，刘昌明刚刚从甘青综合考察队归来，地理研究所的领导就找到他说：“北大眼下急需一位教水文的老师，他们来找我们帮忙，我们斟酌再三，觉得你去最合适。”

所领导介绍了学生的情况，刘昌明有些犹豫：“他们都是大三大四了，课程内容深，我也没有教过学生，能教得好吗？别误人子弟呀？”

“我们几个领导议过了，认为你完全能够担得起。”所领导鼓励说，“你在西北大学是有名的高材生，功课底子扎实，读书也多，备课只要认真地突击一下就行。”

刘昌明接受了领导的安排。根据要求，自 1958 年 11 月起，每周讲三次，总共要讲 120 个课时，必须准备好完整的教案。离正式讲课的时间仅有半个月，要准备 20 多万字的教案，谈何容易？可是，这是北大的需要，是那些渴求知识的学子的需要，这不就是祖国的需要吗？为了祖国的需要，刘昌明要夜以继日地工作了。

那些日子，他进出新华书店，光顾北大的图书室，旁征博引，伏案疾书，每天都是疲倦难支了才上床休息，晨光初露就继续工作了。

他按时准备好了教案，胸有成竹地走上了北大的讲台，并在他人的协助下把教案一一刻写油印出来，供学生们阅读。那厚厚的一本《陆地水文学》，凝结着刘昌明的心血，也使人一斑窥豹，看到了他知识的广博和思考问题的严谨。因为，教案不仅系统、全面地介绍了陆地水文学，还巧妙地融入了诸如洪水调查、水库设计、小流域水文计算、桥涵水文设计等应用性强的知识，使学生在增强对水文学使用价值认识的同时，扩展了知识领域，学起来饶有兴趣。那一年，刘昌明 24 岁，与学生们的年龄相仿佛，比有的学生年龄还小，折服的学生们都亲切地称他“刘先生”。

对此，地理研究所的专家老师们当然知道得清清楚楚，所以，在推荐中多把高分给了他。如果还有一点也可以作为专家们推荐刘昌明的理由，那就是他在参与一本书的写作过程中，其才华再次显现。

如今，《中国国家地理》杂志，是一本在科学界以及喜欢地理知识的读者中颇有影响的杂志，其前身《地理知识》，创刊于1950年。1959年，《地理知识》编辑部要编辑一本科普类的书——《怎样学习自然知识》，邀请在地理学、气候学、土壤学、水文学、地图学等领域有影响有著述的人撰稿。所选中的人，就当时的情况可以说是令人高山仰止：

杨纫章女士，1919年出生，大学毕业后曾任新疆女子学院地理讲师、民国时期南京中央大学副教授兼自然地理教研室主任，是中国地理学会理事。1956年起，她参加过湘江流域调查、浙江瓯江流域自然地理调查，并担任我国西南高山林区森林综合考察队自然地理组组长，赴马尔康及米亚罗林区进行科学考察。

杨怀仁先生，1917年出生，1941年自浙江大学地理系毕业，后获该校地理系硕士学位。他曾任四川大学副教授、地图审查委员会主任委员，1949年在英国伦敦大学皇家学院从事研究工作。新中国成立之初，杨怀仁先生回国，在南京大学任教，并兼任中国科学院海洋研究所、地理研究所研究员。

吕炯先生，1902年出生，1928年考入中央研究院气象研究所，于竺可桢指导下从事科学研究工作。后赴德国深造数年，回国后在民国中央研究院任研究员。1935年起，先后兼任中央大学、浙江大学教授，并有学术论文发表。1936—1940年间与竺可桢、张宝堃共同编著了《中国之温度》一书，乃新中国成立前最完备的中国气温资料图集。1950年，他受聘中国科学院地球物理研究所研究员。1957年3月中国农业科学院成立，他担任其所属的农业气象研究室主任。

再看看文振旺，土壤地理学家；仲崇信，植物生态学家；侯学煜，植物生态学家；张荣祖，动物地理学家；李海晨，地图学家。

其他撰稿人都比刘昌明年长，在当时也都比他有名气，却让其参与撰稿，可见编者慧眼识人，也可见刘昌明的确具有被人看重的能力。

在他所撰写的文章《怎样学习水文地理》中，以具体的事例和经验教训，介绍了水的研究在生产实际中的意义与任务；以古今中外的故事、人物，以及有关研究的走向，讲述了水文学的发展、对象与内容；以梳理自己的学习体会为主线，告诉读者如何才能学好水文地理。

当这篇万余字的文章置于地理研究所推荐专家的案头时，他们似乎窥见了涌动于刘昌明身上的发展潜力，自然不会吝啬推荐的言辞。

按中央组织部的要求，1959年夏天，中国科学院本部和从各省研究所、试验所站来的上百名年轻人汇聚在北京西苑宾馆，开始了俄语的补习。可是，半年之后，当他们信心满满地准备赴苏时，却因为中苏关系恶化而没有成行。

刘昌明回到了工作岗位，但地理研究所的专家老师们依然想着让这位年轻人深造。1960年的冬天，中国科学院做出安排，让刘昌明以进修教师的身份到莫斯科大学读书。这是刘昌明心中久已存在的期盼，兴奋不已的他赶紧打点行李，由北京至满洲里出国，去往莫斯科大学。

莫斯科大学创办于18世纪，旧址在莫霍瓦街，1953年在莫斯科西南的列宁山上建成新校舍，有着32层的主楼和两侧18层的副楼，巍峨壮观。刘昌明所在的地理系位于主楼26层和27层，可以俯瞰莫斯科城的美景。这所学校名师云集，科学家众多，还有诺贝尔奖获得者。学校开设着物理、化学、生物、土壤、地质、地理、历史、语文等十几个专业，教学质量上乘，因此成为求学者梦寐以求的地方。

刘昌明入学的时候，按照惯例接受面试，以确定他能否进入“优秀学生”

之列，能否接受较普通学生更好的教育。面试的老师首先问了一些与中国水文人物、历史有关的问题，那些知识刘昌明了然于心，对答如流。接着，老师提出一个所有面试者必答的问题："您为什么要学习水文水资源学？"

这样的问题，刘昌明在进入大学被调整专业的时候老师讲过，他在读书的四年里越来越多地思考过，参加工作后，在祖国的一些地方进行考察，对一些研究水文水资源名家的事迹和贡献也有了更多的了解，所以，这个问题在他的心中早就有了答案。他在回答的时候，扼要讲了水文水资源研究对社会发展的推进作用，讲了我国当时水资源的状况，讲了水文水资源研究对于我国建设的重大意义。最后，他归结为一点说道："我的祖国需要水文水资源的研究，我作为新中国的建设者应该在这方面多做一些研究。我就是抱着这样的理想来向老师们求教的！"

刘昌明环环相扣的回答，得到了面试老师的赞赏，他被列入优秀学生之列。

在之后的学习中，刘昌明也得到了几位老师特殊的关照。为他们上课的加里宁教授，对刘昌明的影响深刻。加里宁 1916 年出生，1937 年毕业于哈尔科夫水文气象学院，之后从事科研和教学，对水文预报很有研究，其贡献非一般人能比。他还多年担任《气象与水文》杂志编委及《水资源》杂志副主编，于 1970 年当选为苏联科学院通讯院士。

刘昌明曾讲："我从加里宁教授那里学到的，不仅仅是关于水文学的理论，更主要的是关于研究的方法。尤其懂得了水文学在自然灾害和水资源利用方面的预测预报，没有后者，水文学的意义就不复存在。"

给刘昌明授课的另一位老师是列宁格勒水文气象学院的索科洛夫斯基。这个学院原来在莫斯科，是作为莫斯科大学物理系地球物理分支而建，二战之后迁到了列宁格勒，属于世界上第一个水文气象高等教育机构。索科洛夫斯基（1896—1986）是技术科学博士，教授，当时已经是苏联著名的水文学家，对径流实验水文学颇有研究，发展了数理统计在水文学中的应用，是这方面的代表人物，成为斯大林科学奖获得者。

在 1961 年的一段时间里，刘昌明多次去往列宁格勒水文气象学院，在索科洛夫斯基教授的办公室，面对面听他讲授径流实验方面的知识。

有一天，索科洛夫斯基问道：“有一本关于瓦尔达依水文实验研究的书，你在国内看过没有？”

“看过。”刘昌明说，“是我们水利出版社在 1957 年出版的，我很喜欢那本书。”

“我们这里 1953 年就出版了。”索科洛夫斯基沉思着讲道，“如果有时间到那里学习一段时间就好了。”

“我真想去，请老师给帮忙联系一下。”

瓦尔达依那个地方，刘昌明每每讲起都唏嘘不已，因为在《瓦尔达依水文实验研究》那本书里讲到，位于瓦尔达依城郊的瓦尔达依水文实验站，是一个巨大的野外水文实验场所，是苏联野外广泛进行水文实验研究中技术指导上的中心。这个美丽的地方就在瓦尔达依城郊的湖畔，占地有 11 公顷之多，分别建有科学设备、办公室、管理用房和 5 幢科研人员宿舍。周边还有供各种不同实验的荒林涧谷流域、暴雨测站网、溪涧溢流堰、水平衡野外实验场、蒸发池、水面蒸发站、地面径流研究场、气象站、雨量站、日射观测室等。除了这些直接用于实验的设施，还有码头、马房、油库、汽车房等配套设施。

在这里，苏联观测员、工程师和技术员通力协作，用新技术新方法研究陆地水循环、径流形成和水平衡其他组成要素等复杂问题，具体地说，就是研究各种不同景观条件下小集水区的径流、径流实验场的坡地径流、

1961 年刘昌明（前排右三）在莫斯科大学与中国留学生合影

1962 年刘昌明在莫斯科郊外水文实验站参观

土壤蒸发和水面蒸发等。

瓦尔达依水文实验站早在1933年就着手筹建并进行一般的实验，索科洛夫斯基参与了筹建的领导工作。1941年秋天，德国对苏联的入侵加剧，一些科研人员走向战争的前线，研究中断，很多设备在战火中焚毁。战后，自1946年6月起，用了6年的时间重建了瓦尔达依水文实验站。

索科洛夫斯基听说刘昌明对瓦尔达依水文实验站有所了解，便以此为由，利用几个课时的时间，结合自己参与的实验过程，给他讲授有关水文知识。其间，有挂图，有文字，有当时拍下的一些照片，直观而具体。这样的授课，令刘昌明惊诧不已，感叹不已，激动不已，不但受益匪浅，也更增添了他到实地学习的兴趣。所以，从索科洛夫斯基教授开始讲瓦尔达依水文实验站那天起，他便通过各种渠道，较多地关注那里的情况，并不时向索科洛夫斯基表达自己对那里的向往。

那时候，索科洛夫斯基和其他专家已经针对瓦尔达依水文实验站的工作，写出了《径流站工作大纲》。此后，苏联国立水文研究所也制定了《径流站须知》。索科洛夫斯基给刘昌明阐释大纲和须知的内容，也给他讲述在径流实验中遇到的问题和解决的方法，以及他们的一些研究成果。比如怎样在实验中观测并研究径流量、蒸发量以及其他水平衡因素的情况；怎样按照气候和其他自然地理的特征建设实验场地，必须考虑到森林、湖泊、沼泽、土壤特性和坡面方位诸因素；怎样在自然界中选择有典型性的区域去从事径流实验等。

“选择径流站站址是一部分最重要的组织工作，因为它决定着所得资料的价值。因此，对站址的选择应该特别注意。” “普通气象的观测、土壤含水量的观测、渗漏的观测、地下水位的观测、土壤表面水分蒸发量的观测等，每个环节都应该减少误差，争取达到准确无误，才能使研究具有借鉴意义和指导意义。”这类的提醒，索科洛夫斯基教授在讲课中反复提醒，刘昌明无不铭记于心，成为他后来从事研究的警示。

索科洛夫斯基的讲授，是理论与实践的贯通，仿佛把人带到了实验场，带到了自然界之中。如此的耳提面命，使得刘昌明获得很多宝贵的知识，对他后来从事径流实验起到了不可低估的作用。遗憾的是，因为瓦尔达依水文实验站一带有军事基地，保密程度较高，加之中苏关系已经出现裂痕，刘昌明前去那里实习的愿望没有实现。

不过，让他感到欣慰的是，他去了其他一些与水文实验有关的地方。其中，最有收获的是在撒列瓦实验站。这个实验站在莫斯科郊外，刘昌明在实验站附近的农家租到了房子。每天，他早早地赶往实验站，根据指导老师的安排了解某些设备工作的原理和制作过程，学习某些设备的操作技能。尤其让他感兴趣的，也是他认为应该在有限的时间里必须掌握的技能是径流实验的设备组成、设备安装和基本操作。

在现场，他总是不懂就问，从来没有不懂装懂，因为他心里清楚，装懂欺骗的是自己，是对自己不负责任，也是对祖国的不负责任；祖国安排自己来学习，岂能浑浑噩噩，虚度时光？

白天，他在现场学习，回到租住屋便整理有关笔记，预习第二天的课程，几乎每天都是夜以继日，废寝忘食，处在高度的兴奋中。那时候，他也遇到了几个中国留学生，大家在异国相会，自然高兴不已，小聚也就难免。可是，为了不影响学习，刘昌明从没有沉溺其中，能把他的心拴住的只有书本和实验站。

在苏联学习期间，刘昌明成为莫斯科大学径流实验室的第一批实验者。这要感谢物理系主任贝科夫教授。

莫斯科大学用十来年的时间建了一个径流实验室，有两百多平方米，

莫斯科留学时期组照

主要是做径流、河道、地下水等方面的实验。不知道什么原因，在刘昌明到那里读书之前，还没有人在那里进行过实验。贝科夫教授看到刘昌明读书刻苦，对实验也有着浓厚的兴趣，特意安排他跟那里负责技术的老师一起，开始做径流实验。

“我是第一个去做实验的，苏联人也没有去过，各种设备都是新的。”几十年后，刘昌明回忆起这难得的机遇，依然格外兴奋。

在那段时间里，他们做过的实验，有倾盆大雨，也有霏霏细雨，还有不大不小的雨；有裸地的，也有种了植物的；有平缓的土地，也有坡度大的土地，几乎可以做的径流实验都做过了。反反复复的实验，多种多样的实验，不仅仅是获得了很多数据，更重要的是学到了径流实验的方式方法。

后来，乘坐飞机，或是乘坐火车，他还去过西伯利亚的总降水量站，去过哈萨克斯坦、乌兹别克斯坦有关水文水资源研究的一些实验站，了解洪水预报、洪水的形成、洪水对土壤的影响、洪水在陡坡和平地流经时的渗漏情况等，开阔了视野，丰富了知识，也结交了很多朋友。

1962 年 12 月，刘昌明离开了莫斯科大学回国。与之相伴的重要物品，是他用两年间节省下来的全部资金买来的一部照相机和三百多本书。他为此得意了好一阵子，是为节俭后的大收获而得意，为拥有自己的“财富”而得意。在他看来，照相机可以记录实验中的一些场景，对积累资料不无益处，而那些书，则是辅助他攀登事业高峰的阶梯，是他的所爱，他的必需。

刘昌明喜欢购书和读书的习惯，是从大学养成。在莫斯科学习期间，看到那些成就卓著的科学家无不是嗜书如命，终身学习不辍，对其有着刻骨铭心的影响。所以，他喜欢读书的习惯竟成了生命的一部分，书籍成为他生活的“调味剂”，无瑕读书时则郁郁寡欢，沉溺书中时则心满意足。

苦乐交织的径流实验

环境恶劣，生活艰苦，考验着刘昌明和每一个人，他们以那个年代人们所特有的坚强、乐观、无畏经受住了考验，毫不懈怠地投入日复一日的实验。

为国所学，为国所用，尽匹夫之责，是一种境界，一种对祖国的热爱与忠诚。刘昌明有这样的境界，有这样的热爱与忠诚，其所思是尽快投入到水文水资源的研究，而最想做的一件具体事就是建立径流实验室。1963年初，他把自己的想法向地理研究所水文室领导作了汇报。

地理研究所所长黄秉维是个对水文研究有着远大抱负并取得了卓越成就的人，他非常支持刘昌明的工作。那时候，地理研究所水文室主任是郭敬辉先生，他已经是水文研究方面的专家，发表过《中国的地表径流》等研究成果，还发表了中国第一张年径流模数图。他也认为建立径流实验室十分必要。于是，刘昌明得以与新分配来的大学生李林、刘彩堂等人组织成实验队伍，并担任地理研究所水文实验室径流形成组组长。

这个时候，刘昌明根据他在苏联学到的水文知识和看到的径流实验，与团队的人员开始梳理实验室应该具备的功能：这是对自然条件下径流实验观测的必要补充，解决野外条件下干扰因素多，有些测试不够准确的问题；在可以把控的时间内模拟自然界中罕见的现象，缩短研究时间，提升研究效率；减少野外试验时因等待某种自然现象出现而造成的耗时耗资损失；同时，用较短的时间验证新技术，完善新技术。所有的前期筹备工作，都是基于这些基本功能的实现。

在他们有此运作的五年前，是中国“大跃进”的标志时期，各行各业都展示着无与伦比的雄心壮志，科学教育界仰视着苏联莫斯科大学，欲与之比肩，要在中国建一个现代化的“科学城”，城址选在北京德胜门外，也就是元大都遗址北边，那里原是一片农田，科学城圈地5平方公里。很快，两处建筑拔地而起，一处为规划中的中国科学技术大学的主楼，也就是人们俗称的“917大楼”，一处为科学城招待所。可是，一年后，“大跃进”不那么飞速前进了，也就是不能“跃进”了，宏大的规划戛然搁置，唯有两座孤零零的高楼岿然屹立于旷野。后来，中国科学院一些需要工作空间的单位陆续搬来，地理研究所在这里有了一席之地。

刘昌明牵头绘制图纸，选取材料，安装设备，忙碌了好一阵子，于1965年，在“917大楼”的东南侧，建起了“径流形成实验室”。这是中国首个大型室内人工降雨径流实验室，有200多平方米，包括了模拟自然界降雨的人工降雨装置、模拟自然界的雨水形成径流后流经的径流台和检测径流流量大小的装置等。从此后，刘昌明与李林、刘彩堂等人，与他所带的一批批学生们在这里进行着一次次实验，采集着各种研究数据，积累着研究成果，并有了新的发明和发现。

这个径流实验室的建成，带动了沈阳应用生态研究所、陕西工业大学（现为西安理工大学）、北京农业大学（现为中国农业大学）、华东水利学院（现为河海大学）等高校和科研机构的此类实验室的建设。刘昌明和其他参与者把他们的经验慷慨地介绍给前来取经的人，让更多人“为了祖国的需要”去努力。同时，这里也成为中国科学院对外的一个靓丽窗口，经常在此接待外宾。

随着实验逐年的完善、提升，数据采集与处理自动化，其贡献越来越被人们所认识，因其可以模拟天然的降雨径流过程，可以模拟雨强在流域空间上的不均匀分布，可以探究水土流失规律及其他降雨条件下的各种自然环境变化过程，可以探索径流形成的基本规律，为一些相近的实验提供了依据，为各种水利工程的降雨径流计算提供了实验数据。

更大的收获还在于刘昌明总结出了径流形成实验室的特点，即径流形成实验室的研究是对自然条件下径流实验观测的必要补充，能够在控制径流形成过程诸因素的前提下分析某一因素所起的作用，还可以在短时间内模拟自然界稀见的现象，同时能节省到野外去实验的开支，并能够随心所欲地使用精密测定仪器。由于反复实验，他还在有关论文中总结出了实验室径流实验的任务和具体的方式方法，为更多的人所接受、推广。

在进行室内实验的同时，刘昌明也参与并领导着野外实验。他们开展工作的野外实验站，在陕北的黄龙县境内，称为黄龙实验站。

黄龙县因黄龙山脉而得名，在陕西中部靠北的地方，为延安所辖。这一带，群山绵亘，沟壑纵横，历史上发生过不少的战争，所以人烟稀少，生产非常落后，林木却异常繁茂，一片连着一片，古代是名副其实的林区，便有了“黄河绿洲”的美称。不过，据《黄龙县志》记载，清同治年间回汉纷争，光绪年间连续大旱，民国时期盗匪出没，“民众迁徙庇居，逐渐荒芜。”所以，到了 20 世纪 60 年代，林区的很多地方仍是人迹罕至，野兽出没。这样的环境，适合水文水资源利用的研究，

刘昌明他们去的那一年，陕西省人民委员会确定黄龙林业局为次生林经营重点示范区，更名为黄龙山林业实验局，并把宜川县英左和洛川县厢寺两个林场回归于此。这样，他们的研究就是在真正的林海深处进行了。

自 1963 年的春天开始，每年的三、四月间他们就去往黄龙林业实验局，直到每年的十月才回到北京。那不仅仅是需要科学态度的实验，更是需要坚韧毅力和牺牲精神的实验，寂寞和艰苦日复一日地考验着每一个人，几近与世隔绝的处境磨炼着人的适应能力。

这个实验站的人员来自陕西黄龙水土保持站、中国科学院、北京大学、北京师范大学，有十几个人。同刘昌明一起搞径流实验室的刘彩堂和李林同行，后来与刘昌明结为连理的关威晚两年也去了。

这个实验站的房子，在20世纪50年代初建成，他们去了之后，就住在十几间陈设极其简陋的平房内。没有电，晚上点的是那种有个玻璃罩的煤油灯，煤油的质量一般，燃烧不充分，经常会有淡淡的烟缭绕在玻璃罩的上端。若是晚上看书的时间长了，鼻子里就会有一层黑黑的炭灰。

在北京的时候，逢节假日，他们可以看看电影，看看戏，逛逛公园、书店，是一种精神的放松、享受。在黄龙实验站不可能有这些，连收音机都收不到几个台。每天早上叽叽喳喳的鸟鸣声，开始的时候听着还有味道，觉得婉转悦耳，时间久了也就烦了。让大家记住的“文化生活”，是偶尔能听听秦腔。黄龙实验站的站长结婚不久，年轻的媳妇开朗活泼，会唱几段秦腔，闲暇的时候，大家就起哄，请她唱秦腔。没有伴奏，就是扯着嗓子唱，还经常跑调，大家却不以为然，听得津津有味，一个劲儿拍着巴掌鼓励，不为艺术享受，仅仅是在那寂寞的环境里图个乐呵，是一种宣泄。

不过，刘昌明比别人多了打发寂寞时光的方式，那就是照相。他有那部从苏联买回来的照相机，休息的时间，会到风景好的地方去拍照，也给实验留下了一些资料。后来成为他夫人的关威对此印象深刻。她于1964年从中国科学院技术学院毕业，次年就与刘昌明、曾明煊等人去了黄龙实验站。那一年，她20岁。

1959年至1962年，我国在春夏季节出现大范围干旱，很多地方粮食绝收或减产，粮食不足果腹，不仅“瓜菜代”，就连树皮、野菜、草根也弄来充饥。刘昌明他们到黄龙实验站工作的时候，粮食依然紧缺，按每个人的定量指标发放，多是因为久存受潮而变质，甚至发霉的粮食。

他们领到的小麦、玉米都是原粮，要自己来磨。实验站有一个磨坊，大家轮流去磨面。一盘石磨，一头毛驴，再就是筛面的家当和盛面的口袋，磨坊里经常响着赶毛驴的吆喝声和“咣当咣当”的筛面声。他们谁都不会想到摆弄水文仪器的手，还要来赶驴筛面。

粮食少，一点都浪费不得，不管是磨玉米，还是磨麦子，都要一遍又一遍地反复磨，反复筛。为了多弄一点面，很多时候是把玉米皮儿或麦麸子都磨碎了，还要继续磨，继续筛，直到一点点面都磨不出来。这个时候的玉米面或麦子面，已经是粗而又粗，别说是七五粉或八五粉，那是不敢奢望的，几乎是全麦粉和全玉米粉了。

刘昌明在那时候还学了一手：过滤面筋。

有一个学生告诉他，麦麸子用水泡到一定时间，还可以滤出面筋来，和面的时候掺到面里就能减少浪费，面也有劲儿。他照此办理，果然可以滤出极可怜的一点面筋。虽然少，那也是粮食，所以大家也就学会了滤面筋。

几乎没有出麸子的所谓白面，蒸出来的馒头已经是灰黑的颜色，粗糙，还带着霉味儿，吃起来的感觉可想而知。何况，很少有新鲜蔬菜，如此的馒头或窝窝头要就着萝卜、芥菜那类咸菜来吃。一边吃干粮，一边喝粥，成为最佳的饮食方式，还避免了咀嚼时不意间遇到的牙碜。

“刘组长，你吃这个饭，跟在苏联时能比吗？”有人知道刘昌明曾经在苏联读过书，有一次好奇地问道。

“没有可比性，他们是面包，我们是馒头，品种有别。”刘昌明在1964年担任了地理研究所水文研究室径流形成组组长。他笑着，没有直接回答。其实，他们在实验站吃的饭，与他在苏联吃的饭，就其优劣而言是不可比的，因为那时候苏联正提倡共产主义生活，国家的供给比较好，刘昌明所在的莫斯科大学学生吃饭仅交菜金，各式各样的面包可以随便吃，牛奶可以随便喝，不要钱。再者，那样的面包，多是精致的面粉做成，味道是好极了；那样的牛奶，新鲜可口，味道也好极了。在国内，那个年代，能喝上牛奶的人屈指可数。

刘昌明知道生活条件很差，但他从来没有表现出任何消极情绪，他深知自己作为领导，榜样的力量不可小觑，当然不能显出任何的委屈、痛苦。有些人并不喜欢在那样的环境里工作下去，心有旁骛，刘昌明要用自己的行动把他们的心留住。他所想的是，只有留住了人心，大家才能踏踏实实地工作，实验才能获得预期的结果。

他们的生活艰苦，当地的群众生活还比不上他们。逢上过节，附近一个小村子的干部会请他们吃个饭，招待的时候，桌子上摆着的是一盘一盘的油条，还有刚从地里挖回来的青菜，不多，却没有其他。那一刻，吃着油条，也算是解馋了。人家村里人，平时还吃不上呢，那是特意为他们做的。

偶尔，刘昌明他们会自我犒劳一下，其实是为了振奋大家的精神。

距离实验站三十多里外，有一个小镇，不过十几户人家，有一个饭馆。他们去往那里，要乘坐毛驴拉的架子车。翻山越岭，道路崎岖坎坷，用过多少年的架子车并不结实，在道路坑坑洼洼的某一段，他们担心架子车真的散了架，只好下车步行。如此一来一往，要消磨几个小时，为改善生活而吃的那点肉，回到站上也就消化得差不多了。不过，那情景依然让大家记忆犹新。

“吃过一顿肉，觉得舒服好多天！”刘昌明如此描述。

在那个年代，传染病让人谈虎色变，尤其是肝炎、肺结核之类的传染病，若是知道谁得了，往往避而远之。或许与经常吃发霉的粮食有关，他们中间有人得了肝炎，有人为之忧心忡忡，担心自己被传染，担心自己经常吃发霉的食物不好，工作的积极性不免减退。

刘昌明也被检查出转氨酶指标不正常，对此他有所忧虑。可是，为了稳定大家的情绪，他表现得非常坦然，吃喝照旧，并一如既往地工作着。

环境恶劣，生活艰苦，考验着刘昌明和每一个人，他们以那个年代人们所特有的坚强、乐观、无畏经受住了考验，毫不懈怠地投入日复一日的实验。

那几年，他们搞过几百次人工降雨，也更期盼或者说更喜欢下雨，因为下雨可以使他们获得更多的研究数据。每逢下雨，别人往可以躲雨的地方跑，他们却往雨中跑，去做有关的实验，去看看他们的仪器有没有被狂风暴雨损坏。

在那几年里，刘昌明和其他人一起，发挥着聪明才智，创新、完善着实验设备。刘昌明和刚从华东水利学院工程水文专业毕业的洪宝鑫借鉴苏联的经验，共同研制了人工降雨器。起初，那不过是个靠手摇供给动力的设备，后来改进为电动式，不光用于实验室，还用于野外人工降雨，并为其他水文科研工作者所利用，至今仍被人们视为“宝贝”。

也就在那几年，刘昌明还请助手曾明煊协助，发明了电测土壤水分仪。这种设备，能通过埋在土壤中的导线电流频率的变化，快捷、准确地知道下雨后土壤水分值在不同锋面的变化。

1965 年，刘昌明与他人合作，发表了论文《黄土高原暴雨径流预报关系初步实验研究》，对黄土区的超渗产流方式进行论证。这种研究，对治黄工作有着重大的实践意义。仍是在那些年，刘昌明他们在实验中有了新的发现和新的积累，同时借鉴他人前几年的研究数据，形成了《黄龙森林水文实验数据集》。这本由左大康、杨淑宽、刘昌明等共同完成的数据集，揭示了黄龙地区的降雨量、蒸发量、径流量、洪水量等气象要素，也对植被截留降水、有林与无林流域的降雨径流与入渗、土壤含水量等数据进行了梳理，成为深入研究水文水资源利用的重要依据。

就他自己而言，还总结了黄土高原暴雨径流预报的研究情况。他一直有一个观点：搞水文研究，准确地预测预报是重要目的，若不能通过预测预报来防止、减少、杜绝洪水或缺水带来的自然灾害，这样的水文学研究就失去了根本意义。言为心声，是行动的推动力，他从研究水文学那天起就怀有此志，并积极付诸行动。在黄龙实验站组织的300余次人工降雨实验中，选择了125个场地，去过耕地，去过林地，去过草地，也去过道路交织的地方。他把对暴雨径流的预测视为重要内容，从而获得令他满意的收获，先后发表了《黄土高原暴雨径流预报关系初步实验研究》《黄土坡耕地水土流失结算方法的探讨》等一系列论文。他由此提醒人们，黄土高原径流的形成受特定的地理环境制约，暴雨能造成不可挽回的水土流失，必须研究黄土高原的水土流失规律，有效地制定水土保持措施，控制水土流失。他给出了黄土农耕地暴雨径流量的计算方法和黄土坡耕地暴雨冲刷统计规律及计算方法，并提出“增加农田土壤渗透能力，改变农田地面的地形坡度糙度，如修软埝、深耕、合理种植等措施，便是防止水土流失的重要途径之一”。

从建立径流实验到野外实验，刘昌明把书本的知识在实践中得到深入而广泛的印证，已经提升为自己的认识：径流的形成是一个非常复杂的过程，受着降雨强度、分布范围、潜水消耗等水文因素的影响，也受着水流动力的影响，而水流动力则因地形、地貌的粗糙程度等有所不同。

自1963年至1965年，刘昌明和其他人员，每年由春而秋，在黄龙实验站工作七八个月的时间。其间获得的研究成果，在多少年后依然是有益的参考。1990年，刘昌明与他的学生于静洁所撰写的《森林拦蓄降雨极限容量模型》，主要依据了黄龙实验站所积累的资料。论文开宗明义地讲道，森林拦蓄降雨已经为研究者认可，但定量分析仍不确定，国内外争论不绝。他们要回答的问题是，在拦蓄降雨方面，“森林的作用是正还是负”？“森林影响的数量有多大”？

他们首先分析森林拦蓄降雨的成因，认为在森林所处的气候、土壤、地质、地貌等基本条件一致的前提下，决定拦蓄降雨的因素不过两点，一是降雨前森林的湿润程度。湿润度越高，拦蓄的容量越小，反之则越大。二是降雨的大小。降雨量小，全部或大部被森林吸收，拦蓄率就高；降雨量大，森林存不了那么多水，拦蓄率就低。所以，“森林的作用是正还是负”“森林影响的数量有多大”不能一概而论。可以认定的是：“森林拦蓄降雨与森林的拦蓄容量有关……可以最大拦蓄容量或极限容量因树种、树龄、林分、郁闭度、地被物的厚度、土壤透水性以及地质地貌条件而不同。”“当降雨量加前期蓄水超过森林系统可能最大拦蓄容量时，超出的降雨量则不再被森林所拦蓄而流失。”

他们的结论通过各种数据的推导而获得，其过程称之为“森林拦蓄降雨极限容量模型”。业内人士认为，这个模型为森林水文研究奠定了基础。后来，《森林拦蓄降雨极限容量模型》编入北京林业大学国际森林水文模型班讲义，足见论文的价值可贵。

1966 年 3 月，刘昌明他们与更多的人被安排到延安那一带的农村，与农民“同吃、同住、同劳动”，研究如何发展农业生产。刘昌明担任队长，中科院去了 20 多个人，后来成为刘昌明妻子的关威也一同去了。

不过，那时候还没有谈恋爱的意识，关威对刘昌明没有留下多么深刻的印象，反倒对环境记忆犹新：居住条件很不好，哪都看着脏兮兮的。延安的街里很多地方路面没有硬化，一下雨泥泞不堪，走路会弄得满裤腿泥浆，鞋子也没有了模样。不过，在那个特殊的年代，大家并没有苦的意识，也没有谁抱怨工作的忙碌和生活的艰苦。

就在这个时候，时任中国科学院院长的郭沫若提出向解放军学习，在科学院系统提拔一批年轻干部，地理研究所提拔了 4 个研究室副主任，刘昌明成为水文研究室副主任。

这件喜事儿仍被人们津津乐道的时候，刘昌明又遇到了窝囊事儿。1966 年 5 月，“文化大革命”开始。于是，很多单位开始揪“走资派”，揪“资产阶级反动学术权威”，刘昌明这个年纪轻轻的水文研究室副主任，这个颇有研究成果的年轻专家，就成了“走白专道路的典型”，也与“走资派”沾边，后来还有了“苏联特务”的帽子。他被从延安召回北京。从夏天到秋天，地理研究所的院里又多了一个接受劳动改造的年轻人，整日里拔拔杂草，扫扫垃圾，其他时间则是读读报纸，参加政治学习。

这是刘昌明非常苦恼的时间，因为，进行水文研究的权利被剥夺了。在某些人的眼里，祖国不需要这类人了，于是在不同的聚会场合高声喊道：“十年八年不搞科研，中国也不会落后！”

这样无知的话，像锥子一样刺疼着刘昌明的心，可是，他不敢言语，只是在心里默默地想：“祖国需要科学研究，我们总有一天会继续进行对祖国有用的水文实验。”

为了这个时时萦绕于心的期盼，他在不被人注意的时候，还会读一读业务方面的书籍。

背景特殊的勘测

他对事情的看法，有着自己的独立思考，很多时候是看积极的方面，不埋怨，不怄气，这对他的行止有益处。

1969 年，刘昌明有两件可喜之事，一是结婚，二是恢复了工作。

刘昌明和关威同在地理研究所工作，还同在一个大办公室，关威与十几个普通研究人员在外边，刘昌明作为领导在里边的一个单间。两人接触多，熟知了，就建立了恋爱关系，并于 1969 年 3 月完成了结婚仪式。

1969 年的夏天，刘昌明的头上还有两顶似有似无的帽子，一个是“苏联特务”，另一个是“走白专道路的典型”。之所以说似有似无，是因为有人给他无端地扣上，还没有明确摘掉，其实也没有正式文件明确过，就那么稀里糊涂地戴了。虽然说有这两顶帽子，却没有丝毫真凭实据，尤其那个“苏联特务”，该从何说起？不就是在苏联读了两年书？哪些事情有“特务”嫌疑？至于说“走白专道路的典型”，倒还可以牵强附会一把，因为他毕竟是一心一意钻研业务，在那个特殊的年代“白专”的显著标志就是醉心于业务。不过，细细思量，那也是“为了祖国的需要”啊！何罪之有？如此，他人只得稀里糊涂，刘昌明自己也装作稀里糊涂，因为他早就知道自己戴那两顶帽子名不副实。

若说刘昌明头上真的有个乌纱帽，那就是地理研究所水文研究室副主任的职务，因为没有正主任在位，他行使主任的权力。就是他在戴着那两顶帽子，并且身为一室之长的时候，国家在进行着一件大事，即修建阳安铁路。这条铁路西起宝成铁路的阳平关车站，经宁强、勉县、汉中、洋县、西乡、石泉、汉阴等县（市）境而达陕南重镇安康，接轨襄渝铁路，全长

356.5 公里。因此，中科院接到上级通知，让他们派人参加相关水文勘测方面的工作。地理研究所领导找刘昌明谈话："所里准备派四位同志去，你是其中一个。"

刘昌明已经在地理研究所工作 13 年了，经验丰富，还是水文研究室的领导，自然顺理成章地想，也是比较乐观地想，领导的下文该是如何安排他"带队"的事了。可是，领导却说："本来呢，就你的业务能力，应该是由你带队的。可是，你现在的情况，不适合做负责人，我们研究另选一个负责人。"

领导谈到了另外一个人，是河海大学 65 届的毕业生，明确由他担任这次勘察的负责人。接着说："我们考虑，安排你下去，对你也是个好机会，可以进一步接受思想上的改造。你呢，既当技术员，也要当工人，更多的是当工人，虚心向工人学习，认真地改造自己。不过呢，在技术方面，你一定要多发挥作用，不能出纰漏。"

领导最后一句话，说得很慢，也略微提高了声音，能让人听出其分量。

"请领导放心，我一定服从组织的安排，把任务完成好。"刘昌明并不看重什么职务，听到让他参加勘测就心头一喜，因为那是他的钟爱。让他有施展才能的舞台，有为人民服务的机会，他哪里还会计较什么职务不职务。何况，在那个特殊的年代，曾经受到排挤的人，认识问题的标准是，从被批判到不被批判，从被人歧视到被人平视，就是一种身心的解放，心里不免有几分安慰甚至喜悦。

领导进一步做了安排，除了刘昌明和那位负责人之外，还有 3 名刚分配来的大学生。

初夏时节，刘昌明告别新婚的妻子，与另外 3 人分别背上行李卷，乘火车出发了，先到宝鸡做短暂停留。铁道部第一设计院在那里安营扎寨，修建阳安铁路的大本营便设在那里，他们领受的任务是勘测石泉县一带的水文情况。

在宝鸡安排具体工作的时候，按照那时候的惯例，领导做了政治动员，讲了国际国内形势，便讲到了沿阳安线进行水文勘测和其他方面考察的特殊意义。

20 世纪六七十年代，非洲国家的革命斗争风起云涌，我国给予了高度关注。同时，支持他们的基本建设，铁路建设是一项重要内容。贯通东非和中南非的交通干线，东起坦桑尼亚的达累斯萨拉姆，西迄赞比亚中部的卡皮里姆波希，全长 1860.5 公里，就是建设于 1970 年，也就是阳安铁路开始建设的第二年。据分析，西非一些国家的地理地貌，有的区域与石泉县非常相似，在石泉县勘测，一方面为阳安铁路的建设提供水文数据，另一方面积累经验，为将来援助非洲国家提供借鉴。当然，还有不言而喻的政治层面的考虑，就是不要跟着苏联专家亦步亦趋。新中国成立之后，中苏两国关系密切，我国很多东西都是以苏联为榜样为标杆。进入 20 世纪 60 年代，中苏关系恶化，在这样的形势下，如同很多方面一样，中国的水文研究当然要走自己的路，进行新的探索。刘昌明他们，还有别的各种勘测队伍，都承担着这样的任务。那是个热血激荡的年代，将这样的任务视为无上光荣，大家都有坚定不移的信心完成好。

那时候搞建设，受生产力和技术水平等因素的影响，热衷于搞大兵团作战，人山人海，很多单位分段包干，各司其职，阳安铁路的勘测也是这样。刘昌明他们所在的小组负责石泉县境内的小径流勘测，就是弄清楚哪些地方在暴雨洪流汇聚时，铁路路基会有被冲刷的危险，然后视情况建议修建涵洞或小桥，隧道或大桥建设的勘测是别人的事情。

总部安排汽车送他们到石泉县城，住进了一所小学。那里的条件简陋，他们十来个人住一个教室，有的人睡行军床，有的人睡竹床。那一带盛产竹子，很多老百姓家里都有竹床，只是他们借来的竹床多已有些年头，卯榫的地方松动了，一翻身就发出吱吱呀呀的响声，有人常常因为这响声半夜里被弄醒，久久不能入睡。

刘昌明他们在做案头工作的时候了解到，石泉县位于陕西南部，北依秦岭，南接巴山，森林繁密，山川纵横，有奇峰秀岭，有沟壑溪流，也有一马平川，地形地貌极为复杂，且高低悬殊，有山高且水也高的特殊景观。

由于地形变化多样，雨量便分布不均，一地或浓云聚集，一地或阳光普照；一地或洪涝，一地或大旱，基本状况是春旱、伏干和高山秋霖。有的小河，下雨如溪流潺潺，雨停则干涸如初。这些地形地貌和特殊情况对雨季形成的径流都有一定的影响。那时候石泉县已经有了气象站，每天的天气情况有记录，但仅限于此。

阳安铁路在石泉境内由西北而东南，有 50 多千米，几乎与汉江为伴。因为刘昌明他们勘测的地域没有或极少有水文资料，所以，要做的工作按其重要性排序是勘测、访问和收集资料。前期的案头工作做完之后，他们就进入了实地勘测和推算阶段，基本上是两种状态，一是用汽车拉着到野外实地勘测或访问，二是在驻地整理资料。

那时候没有先进的仪器，勘测某个高度就要人扛着标杆爬到那个高度，测量长度要用米尺一段一段地丈量。他们测量的山脉，有的海拔高度千余米，人们用“奇峰突兀，高入云表”来形容，用“道路曲折盘旋， 如推磨之状”来描绘；测量的地域，有长，有方，有扇形，有不规则形，边长数千米，必须经过沟沟坎坎，还要砍掉影响测量的灌木荆棘。完成这些工作是很累人的事情，工作人员几乎每天都是汗流浃背，浑身泥土。

这类事情，刘昌明却要抢着干。因为，那时候提倡技术人员向工人学习，那些扛着标杆爬山的事情本应该是工人做的，那些拉米尺的活也应该是工人做的，他是自觉地向工人学习，所以才抢着干。何况他仍在被“改造”之列，也想以积极工作的姿态得到组织的认可。再者，临行前，领导还特意提醒他要向工人学习呢。

“我不以为那样做是吃苦，也没有觉得多累，是发自内心想那样做。我觉得，提倡技术人员向工人学习，对技术人员保持劳动者的本色有好处，还能锻炼自己吃苦耐劳的精神。”多少年后，提到在石泉的经历，刘昌明依然发自内心地这样讲。他对事情的看法，有着自己的独立思考，很多时候是看积极的方面，不埋怨，不怄气，这对他的行止有益处。

其实，野外作业不仅辛苦，也吃不好饭。他们每次出去都要带上馒头和咸菜，中午喝着已经凉了的白开水下咽。若是遇到有大风的天气，在山沟沟里吃饭那才叫受罪，虽然尽可能找个避风的地方，但漫山狂风，呼啸而来，哪里能有舒心的安身之处？吃到嘴里的，不光是馒头和咸菜，还有尘沙，一嚼就咯吱咯吱响，所以不敢用力嚼，就那么囫囵吞枣地填饱肚子。若是灌多了凉风，闹肚子也是常有的事情。

白天测量，晚上整理数据、画图，经常是熬到深更半夜。因为电力没有保障，有时候要点着蜡烛或煤油灯，几个人就凑在桌子那里，好充分利用那微明的烛光或灯光。

刘昌明虽然不是负责人，但对勘测数据登录和计算的要求一丝不苟，偶尔以为不够准确的地方一定反复推敲。他不止一次地对那些刚毕业的学生和阅历不深的年轻人传授经验：“我们从气象站得到资料，能知道降雨的大小，可是，雨水落下的地方，是深林还是耕地？是平地还是斜坡？有没有水利工程？那些雨水流淌的时候是分散还是集中？渗透的现象怎样？开始的时候流速会有多快？中间有多大变化？可不是像拧开的水龙头那样，自始至终一个流速，一定的流量，还十分直观。雨水不是这样，它在不同的时间有变化，在不同的地貌流速有变化。这些，对在某个地方形成径流有关系，我们要综合分析，不能盲人摸象，不能知其一不知其二。所以，雨量、植被、土壤、地貌等因素都要考虑进来。”

他还经常讲：“我们勘测得准确，设计的涵洞或桥梁才符合实际要求。不然，涵洞或桥梁设计小了，大的雨水一来就会因为流泻不及而冲垮路基，这是很危险的。如果设计大了，没有那个必要，会造成很大的浪费。一条铁路，根据其长短，会有上百个甚至上千个涵洞或小的桥梁。如果因为设计不准确造成的浪费，那可就大了，国家还这么穷，背不起那个包袱！”

他考虑着铁路的安全，考虑着国家的利益，所以，对每一环节的要求都严格细致，确保没有错谬。每次，当他讲的时候，那些年轻人都认真地听着，表现出对他的尊重。因为，他虽然不是领导，年龄也不是多大，但有长者的稳重、和蔼、细心，加之业务能力过人，就顺理成章地得到他人的敬重。

在当时，访问那个环节，主要是找老年人问询，从而弄明白在三十年、四十年、五十年间或更长的时间里，是否发生过洪水，是多大的洪水。为了准确起见 ，他总是提醒大家多问一些人，以众人之言为依据。由于他和大家的认真工作，石泉县境内的铁路涵洞、小桥有六七十个，每一个的背后都有科学的数据提供支撑。

在那个特殊的年代，搞建设特别强调速度，还经常拿项目竣工向这个节日献礼，向那个纪念日献礼，所以项目的竣工有期限，多是提前而不能落后。刘昌明他们的勘测属于铁路建设的前期工作，为了不影响后边的施工，必须在规定的时间里完工。这个时候，需要的是勘测提速，设计提速，二者都加速了才不至于耽误工期。为此，他们可以加班加点，可是，没有办法改变落后的勘测工具，不过是米尺、测量仪等；也没有办法改变计算工具，不过是直尺、曲尺、算盘等。如今想来，为计算出一个数据，要噼里啪啦地打算盘，计算者如影视剧中账房先生一般，但在当时却还视为先进呢，毕竟比用笔计算要快一些。

那么，勘测提速，就是快跑路；设计提速就是改变计算方法，缩短计算时间，由此提高设计效率。经过一段时间的摸索，刘昌明突然想到了“诺莫图”。

“诺莫图”理论是法国的奥卡涅于1884年创建的，属近代发展起来的数学分支，为了使工程师们的计算方便。20世纪初，苏联一些科学家青睐于此，取得了进一步的研究成果，我国在之后也有这类书籍问世。

1963年，我国科学家杨祖裕编著了不足百页的小册子《诺莫图绘制原理和方法》。他在书的序言中讲道，科研机关、实验室、结构设计部门、建筑工地和工矿企业等面临大量计算，耗时耗力，“若广泛应用诺莫图进行计算，可使现代技术中常用的复杂计算公式成为容易掌握的、求解迅速的图上作业，从而将大大缩短计算工作时间，提高工作效率，节省很多人力物力，使千万个熟练的技术人员免去做重复的、单纯代公式数字计算工作，把宝贵精力从事于更需要的技术工作方面去”。

以往，在小径流计算中还没有引入诺莫图理论，刘昌明想到了借鉴，兴奋之余就是立即着手进行探索性计算、画图，以检验其在径流计算中的可行性。没有多久，他就对运用诺莫图理论进行小径流计算得心应手，极大地提高了工作效率。

很快，他把自己的探索结果传授给小组的其他人。大家运用这种方法，减少了很多烦琐的计算，提升了设计进度。

这是一次不同寻常的创新，不仅在他们小组内推广，后来还在整条阳安铁路小径流计算和涵洞、小桥设计中应用。

此间，刘昌明的另一个贡献是通过研究暴雨的时空分布、入渗产流、坡面汇流、沟道集流的过程，初步推导并构建了小流域最大洪峰流量的计算公式。这对于精确计算洪峰的大小，从而确定涵洞、桥梁的规模大有帮助。以后，对此仍有完善。

那年的 12 月，刘昌明他们完成了在石泉县的勘测，回到北京。

次年，西安至延安铁路建设的水文勘测开始，刘昌明这次成了负责人。他们那个考察组，除了地理研究所的人之外，还有铁路第一设计院的人。他带领大家前往延安，住在老百姓家里。在那里，对黄土高原的小径流进行研究，同样进行涵洞和小桥梁的设计，借用诺莫图理论进行的计算继续推广应用，小流域最大洪峰流量的计算公式也在运用并逐步完善。

其间，地理研究所“革命委员会”派人到延安看望他们，对他们的工作非常满意。在北京的地理研究所领导听了看望者的汇报，也很高兴。那一年，他们在延安工作到秋后，待到霜叶满山的时候才离开，回到北京。

同年，西安至侯马铁路的水文勘测开始，借用诺莫图理论进行的计算方法和小流域最大洪峰流量的计算公式被普遍采用。

历经天山南北

刘昌明喜欢哲学，也善于运用哲学，在工作中引导大家用哲学的观点分析和认识事物是他的一贯做法。

1971 年，吐鲁番至库尔勒的铁路开始动工，边勘测边施工。1972 年春天，刘昌明受地理研究所委派与几位同事去往新疆。由于他刚刚从被批斗的人堆里“解放”出来，还没有官复原职。

吐库铁路沿线各种勘测队很多，刘昌明他们依然负责小径流的勘测。所不同是，他们的队伍扩大了，来自地理研究所、新疆本地、其他省的水文研究人员和临时雇用的工人近 30 人，组成了小径流勘测队。有一个行政队长，分管日常事务和党务，刘昌明任业务队长，全盘负责勘测设计方面。

因为人员多了，上级给派了厨师、会计，还给了一辆苏联产的嘎斯 51 卡车和国产的解放牌汽车。野外作业所需的其他物资，也准备得比较充分。刘昌明把这里和石泉、延安那里做了比较，觉得自然环境之恶劣，比起那两地来，不知道要坏出多少倍。

他们的驻地设在阿拉沟，这是一个进出相对方便的地方，利于勘测队的工作。据说，这条沟内生长着一种可以医治骆驼疾病的草，音译的名字就是“阿拉沟”，所以不知道从什么时候起冠为峡谷的名字。这条峡谷处在吐鲁番与库尔勒的中部，谷中河水日夜流淌，河的北侧属吐鲁番，后来改属乌鲁木齐；河的南边属和静县，也就是隶属库尔勒。20 世纪 60 年代全国大规模“备战备荒”，以准备打大战，打核战的需要，迅速开展“三线建设”，按军工厂、钢铁厂建在偏远地区的原则，这里建了一些军工厂，在峡谷口那里有部队的营房，刘昌明他们的小径流勘测队借住在营区内。因为人多房少，他们只得在院子里搭了帐篷。

有人形容吐库铁路是“绕山而行，顺谷而上，循水而下”。可见其经过的地形之复杂多变。至于海拔高低之悬殊也极其罕见，一段在海拔近3000米，紧接着会降到海拔1000米。

刘昌明喜欢哲学，也善于运用哲学，在工作中引导大家用哲学的观点分析和认识事物是他的一贯做法。这次，在工作一开始，刘昌明就对大家讲：“这一带地形地貌复杂，高山、盆地、丘陵、平原、峡谷、草原、雪山、森林，可以说什么样的地形地貌都有，所以勘测必须考虑到其复杂性。大家要想到有森林的地方和无森林的地方之差别，原始森林与次生林之差别，有植被和无植被的地方之差别，有雪山和无雪山之差别，有耕地、水库、工厂与没有这些之差别等。我们只有考虑到差别，把握其特殊性，才能更好地运用一般规律去研究问题，发现问题，找到解决问题的合适办法。”

在去吐库线之前，他去过祁连山，去过兰州到乌鲁木齐的铁路沿线，并对吐库铁路沿线的地形地貌做过一定研究，所以，他还具体讲道：“一座雪山，在顶上是积雪，半山腰或更往下的地方没有雪，有植被或没有植被。再往下，山麓是裸石，或是积土，有灌木或没有灌木。到了更远处，有铺开的溪流、漫流，或是集中的溪流等。在计算小径流的时候，各种具体因素都要考虑到，同是雪山，也会因为山的形状、高低、宽窄等不同而形成不同的径流。”

他一边组织搞好勘测，一边给大家授课，是一种没有正规课堂的，随时随地地授课。很多刚出校门的学生，就是因为刘昌明一点一滴的讲授，获得了书本上所没有详述的知识，多少年后对当时的情景仍记忆犹新。

以往，拟建设的吐库铁路沿线水文工作滞后，1957 年才在巴伦台区和巴音布鲁克区建立了气象站，1960 年和静县才有了气象站，1961 年和静县才成立了水利委员会。因此，那里的水文资料奇缺，几乎等于没有。

和静境内多山，大大小小过百，属于天山中段主脉，当地人将其概括为“群山起伏，峰峦叠嶂，冰川高悬，雪岭雄起”。还有，茂密的森林绵延不绝，辽阔的草原一望无际，穿境而过的河流静静地流淌。不过，千奇百态的壮观、旖旎，依然给人以穷乡僻壤，满目凄凉之感。除了因为“三线”开发而建起的军工厂之外，极少看到村庄和人烟，而军工厂多隐蔽在深山峡谷中，非近前不得见。偶尔，会看到木轮大车在坑坑洼洼的路上碾过，发出咣当咣当的声音，赶车的人没有撞车、惊车之忧，摇摇晃晃地打着瞌睡；也有极少看到的驼队、马队、牦牛、毛驴沿着崎岖的羊肠小路把货物从一地运往另一地，同样是懒洋洋地走着；不知道走多远的路才能看到的寺庙，规模很小，尘沙覆盖，局促地居于山坡或林间。

面对这样的情况，有时候刘昌明会与同事们交流：过不了多久，铁路修通了，这些运输工具就该淘汰了，说不定会成为一道可以供人观赏的风景。他们懂得，自己艰辛的工作，付出的心血汗水，是要为落后地区的人们改变生产生活的状况，是在改变他们的命运。每每想到这些，他们的心中就会有一种不能言尽的自豪感。于是，身处荒凉，却没有孤寂之感了。

吐库铁路长 360 多公里，将要在和静境内穿过的有 250 多公里，占了全线的百分之六十还多。这一段沿线的基本地貌有高山盆地，有山中沟谷，有山前平原，地形十分复杂，气候多变，春夏多风。

在这条线上勘察，最让人感到惬意的地方是在河床冲积平原上，当地人称为两河之间形成的“河床肚中”，平坦，开阔，柔软，极宜观测丈量，热了的时候还可以到清澈的河水中洗个脸，甚至泡个澡，兴奋地呼喊两嗓子。

若是山前平原地带也还轻松些，因为丈量而多走些路，多流些汗，承受太阳的炙烤，不过酷热的时间不多。可是，若是天气恶劣的时候就另当别论了。像古尔古提那个地方，因为沙地多，植被也不好，春夏大风突然刮起来的时候，刚才还是晴空万里，转眼间黄沙就遮蔽了太阳，人与人百米之间都看不清楚，砂砾打在人的脸上像不停地被针扎一般，不知道是麻还是疼。遇到那样的大风，刘昌明只好与大家到有沟沟坎坎的地方躲避，佝偻了身体，缩了脖子，闭了眼睛，一任狂风卷着砂砾往身上打，无奈而痛苦。若是赶上天气炎热，为了不让砂砾进到脖子里，拉紧了领口，不多久身上就有汗水流淌，黏糊糊的甚是不舒服。大风过后，一个个灰头土脸，可是，谁都不在乎，接下来该干什么还干什么。刘昌明更是一脸的无所谓，好像没有经历狂风沙砾的袭击，因为他心里明白，自己是队长，必须有良好的姿态和饱满的情绪，去影响带动大家，才能克服困难，把工作完成好。

在巴仑台那一带的勘察更为辛苦，因为那里是山间峡谷地带，村子的名字几乎都有一个“沟”字，说明那个不起眼的村子就在某个沟里。地方志描述那一带的地貌说：“山高谷深，沟壑纵横，峡谷相间，植被较稀疏，山地裸露。”在这样的环境里，要丈量勘测一块地方，必须一会儿攀山，一会儿爬坡，一会儿下沟，一会儿涉水，有时候还要把影响丈量的灌木砍掉。那些日子，刘昌明他们的衣服被荆棘挂烂了，手脚被石块碰破了，脸上这一道那一道细细的血痕，总是常有的事儿。

那条线上，有些地区常年被积雪覆盖，形成一条条冰川，或有冰释地貌，或有冰碛地貌。积雪冬季加厚，盛夏融化，形成涓涓细流，对汇聚径流也有一定的影响，因此，到雪山上勘测也是刘昌明他们的任务。

很多地方，雪峰巍峨，冰川高悬，突然间齐刷刷中断，如悬崖欲倾，边缘形成一根根一排排巨大的冰柱，要么就形成或大或小、奇形怪状的冰坨，也就是行家们所说的“冰舌”。冰舌或有洞穴，或有裂隙，冰水就汩汩地流淌出来，在冰舌前缓缓的斜坡上形成径流。

要弄清楚某一段冰舌的融化状况，准确地说要弄清楚某一座雪山的融化状况，测算径流大小，就要接近冰舌。这类的勘测多是在酷热的夏季，刘昌明他们蹚着浅浅的溪流走近冰舌，头上是炎炎烈日，脚下是凛冽的冰水，有时候还要在水中静静地站上一刻，凉气贯通周身，那滋味真是难以忍受，但他们却顽强地忍受着。偶尔，冰柱断裂，碎裂声轰然，也令人为之一惊。

在这样的地方，他们不仅要在山的阳面勘测，那里雪融线高，融化的水就多；还要到山的阴面勘测，那里的雪融线低，融化的水就少。两相比较，才能分别得出准确的小径流形成数值。若在阳面勘测，阳光照射，温度较高，还比较好受一些。若是到了阴面，似乎突然间从夏天进入了冬天，冷风呼啸，寒气逼人，时间一长就冻得人哆哆嗦嗦，手脚都麻木了。尽管如此，他们还要一段一段地测量，还要吃力地挖出冻土，拿回去检测其含水量。

刘昌明他们勘测的地方，有些在密林深处。那些地方群山雄伟而险峻，古木参天，溪流奔腾，怪石嶙峋，绿草如茵铺展，乃令游人兴高采烈之所在。可是，勘测这样的地方却极其困难，米尺、水平仪不能像在平地上那样没有障碍，一次可以丈量很远。在这里要一小段一小段地丈量，费时费力，有时还要承受无风的闷热或突然袭来的急雨。至于雷暴，虽然稀有遇见，但遇到的三两次，滚雷在森林上空轰鸣，闪电突然照亮本已被乌云笼罩的林间黑暗，不禁令人毛骨悚然。若雷电出现在他们中间，其后果就不堪设想了。

刘昌明他们勘测的地方，有的还算平坦，几乎不见高坡土丘。可是，这样的地方土层剥蚀严重，岩层裸露，灌木稀疏，几乎寸草不生。历史上滑坡、崩塌、泥石流时有发生，被洪水冲积的泥沙会堵塞道路。这些地方，令刘昌明他们格外关注，不仅要细细勘测，还要走访当地的居民，把曾经的洪涝灾害弄个一清二楚。为此，他们没有少跑路。

因为阿拉沟距离有的勘测点较远，他们不能当天返回驻地，便在野外搭帐篷过夜。若是遇到无风或和风的日子还好些，可以睡个安稳觉。若是遇到恶劣天气，狂风呼啸，枯木断枝，飞沙走石一刻不停地敲击着帐篷，不免有所惊恐，就彻夜难眠了。可是，第二天虽然疲惫不堪，他们还会如常地展开工作。

野外作业受苦受累，室内的工作条件和平时的生活条件也不够好。在刘昌明的眼里，他们是把办公室搬到了建设中的铁路沿线，画图设计所用的各种仪器、工具应有尽有。只不过他们的办公室十分简陋，低矮的土房子，桌椅板凳也是各种样式的凑在一起，凳子能坐就行，桌子能放图纸和地图就行。一张张五万分之一的地图是他们工作的必需，一天到晚就摊在桌子上。

他们住的军营还没有通电，有一台发电机偶尔发电，用来照明。在没有发电的夜里，他们只好点蜡烛或煤油灯。在那些日子里，白天野外测量，晚上加班至深夜是常有的状态，所以，到了后半夜，参加画图或计算的同志，脸上总有烟熏火燎的痕迹。一个个晒得黑红或黝黑，在微弱的烛光灯光下，就近似黑色人种一般，每个人看到对方都觉得好笑。

在那个年代，国家还不富裕，吃粮或购买其他物资要凭票，勘测人员的主食副食也有指标限制。当地不产粮，蔬菜也不多，他们每隔几天就安排车辆人员到库尔勒去购买。

“我们的条件已经不错了，能吃到当年的粮食，好吃！”有时候，刘昌明会回忆起在黄龙实验站的艰辛日子，鼓励那些没有怎么经受苦难的年轻人，要乐观地面对工作和生活。

那时候，虽然和静县境内的牧场不少，但由于牛羊马驼靠天养畜，抗灾能力差，摆脱不了“夏饱、秋肥、冬瘦、春死”的规律，肉食供应并不充分，同样要凭票购买，所以他们也不能经常吃肉。大家长期野外作业，体力消耗很大，必须有强壮的身体才能坚持工作，所以，刘昌明经常与分管行政的队长商量，派人到离驻地较远的地方采购，通过多种渠道，想办法多弄一点肉食。

不过，也有花了钱而不能大饱口福的时候。

有一次，他们派人开着汽车到伊犁哈萨克自治州所辖的奎屯去买猪肉。据说那地方偏远，受到的管制少，可以进行“地下交易”，从指标之外多买一些。从五道沟到奎屯，有近700公里的路程，要翻越海拔4000多米的天山，然后从乌鲁木齐继续西行。那时候的路况很差，汽车每小时行驶不过四五十公里，所以一个单程要起早贪黑地跑一天。

肉买回来的那天晚上，刘昌明和分管行政的队长，还有其他一些人，一个个好不高兴，仿佛孩子们看到了过年的礼物，简直要欢呼雀跃了。因为，当买肉的人把苫肉的单子拉开时，他们看到的是两头又大又肥的整猪，还没有开膛破肚，当初想的是为了保持五脏六腑的新鲜。大家一边卸车一边开心地议论，纷纷算计着，以为那么大的两头猪，他们可以美美地吃几天。

“坏了！坏了！这么臭哇！”围观的人止不住掩鼻。

“是呀，死尸的味道呀！”

当厨师把猪的肚子打开的时候，人们闻到了刺鼻子的臭味儿。起初，还以为是粪便的味道，后来才确认是肉有了令人窒息的恶臭。原来，路途远，天气热，猪的五脏六腑没有取出来，秽物发酵，进而影响到其他地方腐烂变质，猪肉自然就臭气烘烘了。

若是现在，人们讲究饮食卫生，物资供应也充分，那等劣质的肉是绝对不能吃了。可是，在物资极度匮乏的年代，难得买回来那么多的肉，谁会舍得扔掉呢？厨师用清水把肉煮了，倒掉污水，然后接着用清水煮，再倒掉污水，如此反复了几次才放盐和佐料继续煮。

几经处理，臭的味道几乎没有了，但肉的香味儿也几乎没有了，一连几天，大家就那么默默地吃着来之不易的猪肉。不过，大家还是肯定了一点：如此不好吃的猪肉，比起经常吃的咸菜，比起不放肉的烩菜，总归算得上一道美味！

1972 年 9 月，阿拉沟南段的全部和北段的一部分已经勘测结束，他们翻越天山，去往吐鲁番那一带，住在一个叫大河沿的村子。那时候大河沿隶属乌鲁木齐市，为半荒漠地貌，有着一望无际的戈壁滩，上绝飞鸟，下无走兽。

那里干旱多风，且常年刮着能把人吹着跑的大风。刘昌明他们到了那里就听当地人描述，大风能把车辆掀翻，能把牲畜卷走，还能把一些平日里也极少见到的蜥蜴逼到窝里不敢出来。他们的具体体会是，在野外勘测的时候，若是遇到大风，还可以坚持工作的话，顺风则仰躺着身子前行以减慢速度，逆风则用力前倾着身体以抗拒风的无情推动。如此一天劳累之后，胳膊腿疼得都不知道放在哪里好。

大河沿距离乌鲁木齐和吐鲁番都有百余公里的距离，购物并不方便，储存也没有条件，蔬菜不能经常供应，只好咸菜就饭。至于饮水更为困难，只能到雪山融水的地方去取。虽然如此，他们没有其他选择，只能在天山脚下的戈壁滩上安营扎寨，过着跟游牧民族差不多的生活。

因为居住在帐篷里，办公室和宿舍就成为一体了。帐篷里的四周摆着行军床，有七八张，中间是办公桌。晚饭后，大家开始工作，有抽烟的，不是抽旱烟叶，就是抽新疆伊犁一带产的黄花烟，一种烟茎秆加工的莫合烟，帐篷里便弥漫着浓浓的烟草味。只不过那时候人们的健康意识不强，并不以为然，抽烟的人还戏说不抽烟的人是不花钱而“抽蹭烟”。

到了睡觉的时候，鞋脱了，袜子脱了，闷了一天的脚丫子舒展了，多日不洗的身子裸露了，屋里的气味可就十分的丰富了。那时候，大概对五味杂陈有难得的体会。虽然帐篷内空气恶浊，但因为昼夜温差大，天气寒冷，还不能撩起帐篷的门帘透风。

“冷啊，风呼呼地响，尖叫着，钻到被窝里，好久都睡不着。”刘昌明对那时节的情景历历在目，“早晨掀起帐篷的门帘，不是有霜，就是有雪。不过，干净，没有浮土，浮土早就被以往的大风吹干净了，只有坚硬的砂石！”刘昌明后来回忆道。

在一个多月的时间里，刘昌明他们完成了剩余路段的勘测。1972 年的 11 月，他们返回到北京。

在谈到这段往事的时候，刘昌明有所感悟：“做径流勘测，也要用马克思主义哲学做指导，要看到事物的关联性，还要懂得知识的局限性。懂得事物的关联性，就会对径流的产生做综合的研究，减少对某种因素的疏忽，使结论更科学，更精准。而懂得知识的局限性，就会善于发现新情况，不拘泥于以往获得的知识，不被经验所蒙蔽，在新的环境里获取新的知识，做出更能符合当地情况的判断。”

刘昌明专心勘测，却忽略了家事。因为工作忙，也因为通信很不方便，他对已有身孕的关威问询不周。在他离开北京后两个月，即 1972 年 6 月，大儿子出生，关威故意在信中仅仅告诉了“坐月子”，想试探他如何惦念，他回信时竟忽略了问一问是男孩女孩。心有嗔怪的关威在日后的信中竟然不再提及，他也就没有想到再问一问。五个月后，刘昌明回到北京，才知道生了个儿子。

“他就想着自己那点事儿，忙起来啥也不顾。”关威每每谈到此事，不免有所抱怨，“他以为女人生孩子，就那么容易？一点也不担心！”

其实是不操心。关威因此责怪几句也在情理之中。

在确山那一年

或许是在野外工作惯了，经历过残酷的风吹日晒，也承受过跋山涉水的艰辛，所以，他在那里并不感到多么辛苦，随遇而安，每天都像农民那样日出而作，日落而息，每天都能够踏踏实实地睡觉。

中国科学院的“五七干校”原来设在湖北潜江和宁夏陶乐县，后来迁到河南确山县瓦岗人民公社的芦庄附近。1973 年春天，刘昌明被安排到确山“五七干校”接受锻炼。那时候，部队仍在落实毛主席和中央军委关于军队要支左、支工、支农、军管、军训的指示，“五七干校”由部队代表实行军管，按部队的建制设置组织，有连、排、班，刘昌明被安排到基建连。因为中国科学院“五七干校”迁址不久，必要的生活设施尚在加速建设中，基建连负责盖食堂。每天，刘昌明都要到建筑工地，拉砖、递砖、挑水、和灰，但凡小工要做的事情他都会轮流去做。或许是在野外工作惯了，经历过残酷的风吹日晒，也承受过跋山涉水的艰辛，所以，他在那里并不感到多么辛苦，随遇而安，每天都像农民那样日出而作，日落而息，每天都能够踏踏实实地睡觉。在他看来，在这里的吃饭，总比在黄龙好多了，住宿条件也还能适应。

因为他不是造反派要打倒的“走资派”，平日里一直秉承着与人为善的处世之道，不争名，不争利，更不争官，也就没有得罪过谁，不存在心怀极度怨恨的对立面，所以并没有受到明显的歧视，精神负担不重。唯独不顺心的事情是不能明目张胆地看业务书，大家都不看，一个人看，难免招来是非，这是那个特殊时期必须考虑的危险，所以干脆不看。

在基建连干了不久，刘昌明有了新差事儿：学马列，谈体会。这是军代表特意的安排，同他一起担当此任的是地质所的孙枢。后来孙枢成为著名地质学家、中国科学院院士、第三世界科学院院士、国际欧亚科学院院士。当时，孙枢在勘探锰矿、磷矿和石油沉积研究方面已经有所贡献，同他人一起发现大型原生沉积碳酸锰矿，缓解了我国钢铁工业对锰矿资源的急需。他比刘昌明年长一岁。

当时提倡学马列，主要学习马克思、恩格斯的《共产党宣言》《法兰西内战》《哥达纲领批判》《反杜林论》和列宁的《唯物主义和经验批判主义》《国家与革命》等。“五七干校”在那个阶段组织学习《哥达纲领批判》，这本书是国际共产主义运动的一部纲领性文献，它鲜明地体现了马克思主义的革命纲领同机会主义的反动纲领的尖锐对立。

刘昌明和孙枢要学马列，谈体会，其实是先学一步，给别人做辅导，但他们都是被教育的对象，不能够教育他人，不适宜用“辅导”这个“为人师”的概念，才冠以“谈体会”之名。自从接到这个被他俩视为“光荣”的任务之后，在半个多月的时间里，每天下午三点，午休起来，各自提了小板凳，找到一片树荫里，认真地学习起来。

微风习习，凉爽宜人，穿着跨栏背心，边学习边交流，并做了一些笔记，也可以谈些与学习无关的事情，倒也惬意。后来，他们就分别在一定规模的学习班上向大家谈体会了。因为他们学习得认真，体会梳理得颇有逻辑性，还受到了军代表的表扬。

在“五七干校”学习，人们会在星期日出去走走，放松一下心情，刘昌明他们经常去的地方是薄山水库。这个水库在确山县城的西南边，如今属薄山湖风景区，为山间峡谷，一望无际。当年，仅有库区，水面由西北至东南，蜿蜒曲折。发源于确山西部山区的溱头河，在薄山水库蓄水。

中国科学院所在的“五七干校”，距离薄山水库的入水口不过四五公里。

凭着职业习惯，刘昌明考虑到一个问题：这里的雨情怎样？形成的径流有多大？在大雨暴雨的年份，上游和当地的水突然增加，薄山水库会不会溃坝溢坝？如果有，他们所在的“五七干校”就处于危险境地，后果不堪设想。

他把自己的想法向军代表做了汇报，得到了爽快的回答：“你可以去做些调查，如果需要有人配合，我再给安排。”

“两个人在一起做这件事比较好，有些问题可以讨论。”

刘昌明提议两个人来做这件事，军代表指定地理研究所的一个同志来配合他。他们先去了河南水利厅，之后去了确山县有关部门，并大量查阅资料，访问当地群众。在近一个月的调研中，他们了解到，确山县地处豫南，桐柏山、伏牛山余脉交错于此，西部多山。就一般地理常识而言，多山多水，此地亦然。确山历史上多旱且多涝，涝多于旱，春涝、夏涝、秋涝皆有，尤以秋涝危害为甚，所以史书上出现过很多次“大水”“大雨”“暴雨成灾”“大水毁房，淹地甚多”的记载。仅清朝以来，确山境内就出现过多次大雨暴雨，史书描述为：“顺治六年夏季暴雨成灾”“顺治九年夏季大水淹没庄田”“顺治十五年春秋大雨，毁麦伤禾”“顺治十六年久雨沤麦”“康熙七年秋季大雨连旬”。可是，自此之后，大雨暴雨减少了，有时相隔十来年，有时相隔二三十年，有时则相隔四五十年。不过，遇到大雨暴雨便是大灾，如“光绪九年，七月八月阴雨连绵，河道漫溢，秋禾多被水淹”“光绪二十六年秋季，暴雨成灾，井塘漫溢”“宣统元年……确山大水，溱头河任店段最大流量 6000 立方米每秒，河道漫溢，低洼地受淹成灾”。

1921 年，出现过一次持续时间很长的阴雨，竟然有三个月，导致“平地水深尺余，冲毁田地，淹塌房舍。”十年后的 1931 年，时在五六月间，暴雨下下停停，最多时连续 20 天之久。之后的几十年间，也出现过“连日大雨，溱河溃决，庐舍淹没，秋禾尽毁”，甚至造成了街道如渠、水中捞麦的灾害。

1950 年的汛期，淮河流域持续降雨 1 个月，洪水泛滥，地势低洼的中游地区如同泽国。次年，毛主席发出“一定要把淮河修好”的指示，各地水利工程上马，确山县先后修建了板桥水库、薄山水库、郭湾水库等。溱头河由西部山区而来，汇聚了很多小河的水，注入薄山水库，而后逶迤东流。但是，那一带，洪水的破坏依然存在，1972 年，因为暴雨而冲毁了两座小型水库。

刘昌明他们对薄山水库的具体了解是：20 世纪 50 年代，水库修建后又有扩建，按百年一遇洪水设计，千年一遇洪水校核。水库兼防洪与灌溉，总库容为 4.14 亿立方米，最高水位 116.81 米，最大坝高 40 多米，最大泄洪量为 103 立方米每秒……

汇聚多方面的资料、信息，刘昌明他们反复推算，就薄山水库的容量、坝高、泄洪能力而言，在特大暴雨袭来的年份，可能存在溃坝或溢坝的危险，应该有所警惕。

他们把研究结果告诉了军代表，并解释说：“薄山水库的设计是按百年一遇的洪水来设计，如果出现的情况是超过百年一遇呢？比如一百五十年，二百年呢？根据我们的研究，这种可能是存在的。一旦遇上了，危险就大了，应该把这个研究结果报告给上级。”

军代表肯定了他们的工作，并坦言会向有关部门汇报，以提高防范意识。刘昌明属于被教育对象，不能够越级反映情况，所以，他们的工作到此为止。不知道什么原因，也不知道军代表是否向有关部门做过汇报，刘昌明事后所知道的情况是，没有哪个部门就他们反映的问题有针对性地进行深入研究，也没有哪些人就水库的扩容付诸行动。

1975 年 8 月初，河南境内突然普降大雨暴雨，《确山县志》记载：“8

月 5—8 日，全县大暴雨、特大暴雨，降水 1100 毫米，竹沟水库溃坝，17 座小型水库同时失事，河水漫溢，庐舍漂没，331 人洪水中丧生……军民奋力抢险，确保了薄山水库。”

军民的奋力抢险，是因为薄山水库上游来水汹涌，当地雨水急剧增加，漫山如溪水流淌，河道的水迅速上涨，流进水库的水不能及时排泄，出现了回水，一时间浊浪排空，波涛滚滚，多处开始溢坝，如瀑布般飞流直下。中国科学院“五七干校”所在的那一带，很快被洪水淹没，房屋倒塌严重，若不是军民合力加固大坝，后果难料如何。因此，洪水过后，薄山水库大坝加高了近 8 米，库容量增加，泄洪能力大大提高。

薄山水库溢坝的消息，刘昌明很快就通过内部渠道知道了。那一刻，他惊呆了，神情凝重地坐了很久，家人几次喊他吃饭，他只是机械地应着，却一直没有挪开身子。夫人关威理解他的心情，知道他是在为库区人民的损失伤感，是为“五七干校”的毁损伤感。后来，他曾经不无遗憾地说道：“我怎么就没有反复去提醒军代表呢？怎么就没有直接去找有关单位呢？”

虽有遗憾，但也仅仅是遗憾，事后允许有这样的遗憾。不可讳言，当时他的处境不允许他有更多的想法。

这件事，使业内的人对刘昌明有了更多的认识，认为他虽然主要是搞小流域小径流研究的，但对大流域、中流域的水文预测也有其过人之处，这与他丰富的水文知识有着密切关系。

其实，地理研究所重视业务的领导一直能够恰如其分地评价他的业务能力，并找机会以提升他的业务能力。就在他去确山“五七干校”的那年 8 月，刘昌明接到地理研究所“革委会”的通知，让他回北京。到了所里才知道，准备让他和其他两个人到罗马尼亚访问。

那时候，中国科学院与罗马尼亚全国科学技术委员会、科学院有一定业务交流，主要内容是派遣科学工作者学术出差、讲学、考察、交流经验，并互相邀请科学工作者参加各自组织的重要学术会议和其他重要的科学活动。那次的访问，是代表中国科学院做学术交流。

中国科学院选中了三个人，另外两个，一个是沈玉昌，一个是龚国元。沈玉昌先生是中国科学院的老专家，主要从事地貌学。他于 1942 年从浙江大学研究生毕业，后任中国科学院地理研究所研究员，负责创建了中国科学院地理研究所的地貌研究室，并担任主任。龚国元先生曾经于 1959 年留学苏联，获得博士学位，回国后在中国科学院地理研究所工作。

刘昌明作为访问团成员，兼任翻译。这次访问从 9 月开始，到 10 月结束，在四十多天的时间里，他们完成了预约的学术讨论，签订了互访计划和合作研究的项目。同时，到港口、山区、特殊的地貌区域和有关实验室参观访问，开阔了眼界，尤其是感到了罗马尼亚的发达，对比出我们的落后。那时候，他们的很多地方已经用微机操作，交通路口自动化管理，而我们的交通还是靠警察挥动着指挥棒。

“那时候，我们的国家穷啊！”刘昌明曾经感叹，“我们的很多人都穿带补丁的衣服，即便是这样的衣服也没有几件。我们出国的时候没有像样的衣服穿，国家也没有能力给置装费，就到科学院外事局的仓库里去找适合自己穿的衣服，是别的出国人员穿过的，洗干净了再送回去。我们回国后，再把借的衣服还回去。”

正是看到了祖国的落后，强烈渴望自己的国家尽快富强起来，他每到一地，才那么认真地向人家学习，能问的一定问，能带回来的资料一定收集到。

在刘昌明看来，访问不光能更多地了解与所研究的专业有关的知识，而且还能锻炼自己的翻译能力。活动中的欢迎辞、答谢辞、祝酒词要翻译，学术交流中要翻译，参观访问中要翻译，口译笔译还交替进行，每天都忙忙碌碌。

从罗马尼亚回来之后，刘昌明又到“五七干校”去了不长时间，到 11 月就算完成了必要的锻炼。

足迹留在青藏线

自然环境恶劣，生活条件艰苦，工作任务繁重，他们面临着多重考验，也勇敢地面对着多重考验。由春天而夏天，刘昌明带领着他的团队，一路向南，一路勘测。

我国西北的铁路建设，自20世纪50年代开始谋划。青藏铁路的格尔木至拉萨段，在1955年被列入建设中，当时的西北设计分局，也就是后来的铁道部第一勘测设计院曾进行过勘测，并有了设计和施工方案。可是，我国在20世纪60年代初期遇到了前所未有的经济困难，后来又有“文化大革命”，其建设方案只能束之高阁了。

1973年12月9日，在中南海菊香书屋，毛主席接见比兰德拉。这位来自喜马拉雅山南麓的尼泊尔国王希望加强中尼贸易。毛主席当即向他表示，中国将修建青藏铁路，这必然会促进两国贸易。一个月之后，中共中央和国务院分别召开会议，决定重新开启青藏铁路的建设。1974年3月，全国9部委，19个省（自治区、直辖市）的68个单位的技术人员奔赴青藏线，铁道兵部队也奉命出征青藏铁路沿线。

刘昌明他们就是在这样的大背景下被中国科学院派往格尔木，具体工作上受铁道部第一勘测设计院领导。

野外勘测，是获得第一手材料的绝佳机会，刘昌明对此历来有着浓厚的兴趣 。过去一年间在“五七干校”，他不能参与自己喜爱的工作，心中不免郁闷，早就期盼着工作的机会。听说安排他去青藏铁路勘测，表现出异常的兴奋，恨不能立刻启程前往。

这次，他吸取了对夫人关威“坐月子”关心不够的教训，把家里的事情做了一番安排。使他对家事比较放心的一点，是母亲来给他们看孩子，也可帮着关威做一些家务。何况，母亲做得一手好菜，能够把家里的生活调剂得好一些。

他亲自到火车站去给大家购票，可是，一时间买不上那么多卧铺票，令他心急火燎。此时，他只好请关威出面，由关威去找在铁道部工作的父亲帮忙，尽快弄到了所需的车票。

1974 年初，刘昌明和科学院的几位同事乘火车去往格尔木。

格尔木为青藏高原的腹地，名字的寓意是“河流密集的地方”，历史上一直是游牧民族在此生息繁衍，解放初期以哈萨克族居多，曾经是“天上飞鸟绝，地上人迹少”的戈壁滩。直到 1953 年，西藏运输总队格尔木转运站建立，这里才分阶段，逐渐有了一些帐篷，有了成片的帐篷，有了半地上半地下的地窝子，有了砖木结构的房子，有了十几万长期生活于此的军民。不过，由于地处偏远，生产力落后，加之“文化大革命”的影响，20 世纪 70 年代初这里依然贫穷落后，县城内极少看到二层楼房，那座在 50 年代特意为彭德怀元帅修建的两层“将军楼”显得非同一般。

尽管如此，那里的人们还是经常自豪地讲道，20 世纪 50 年代从全国四面八方而来的建设者们，不畏艰难困苦，住地窖、吃冰雪、战严寒、斗风沙，用铁锹、锤头、镐头，靠肩扛手推开辟着新的天地，修建了从格尔木到拉萨的公路，很多人为此做出了巨大牺牲。这些，让刘昌明他们感到震撼，受到鼓舞，提升着到艰苦的环境中去搞好水文勘测的勇气。

这次的铁路沿线勘测，分为站场组、线路组和水文组，刘昌明他们属于水文组。为了工作方便，上级又细化一级，单独成立了小径流分队，刘昌明担任队长 。按照分工，站场组和线路组的所属分队负责勘测某一段或某几个点，刘昌明他们是负责全线，从格尔木一直勘测到拉萨，要弄清楚的是青藏铁路沿线每一段的小流域径流情况，为铁路的涵洞、小桥梁建设提供设计方案。

他们这个队若用当时流行的话说：“这是一支非常有战斗力的队伍”。因为，队里基本保持在三十多人，设有分管生活的行政队长，有会计、医生、炊事员，还给配备了两辆卡车和一辆能坐七八个人的吉普车。他们的队员有的来自铁道部第一勘测设计院，那是亚洲最大的铁路方面的设计院，不乏常年工作在第一线的精兵强将；他们中科院的人员，也一直在参与铁路建设中的水文勘测，刘彩堂、李林同行。

刘昌明他们在格尔木休整并熟悉有关情况，用了几天的时间，随后去往勘测的第一站纳赤台。一离开县城，没有了房屋的遮挡，他们才真正体会到了气候的恶劣。这里年降雨量很少，但蒸发量却大出好多倍，极不适合植物生长，所以地表裸露，植被稀少，大风或风沙天气很多，几乎每年一半的时间在刮大风。春天是大风盛行的季节，故称为风季。有时候刮大风，能把播种了小麦的土地一层层、一片片地刮跑，颗粒不剩，空有刮出一道道沟的土地。

他们坐在汽车上，不仅承受着颠簸之苦，那呼呼的风还会把尘土从车棚的苫布缝隙吹进来，走不多远，一个个就变得灰头灰脸了。不过，大家都不以为然，经常的野外工作练就了他们顽强的适应性。

这里海拔高，气压低，空气稀薄，从内地初到的部分人感到呼吸困难，头晕呕吐，步履艰难，需要时日适应。刚开始那几天在城里，没有剧烈的活动，刘昌明他们几个刚从北京过来的人尚没有大的高原反应，这一路被汽车晃来晃去的，又不只是晃得猛烈，还有空气逐渐稀薄，他们就有了头昏脑胀的感觉。

在 20 世纪 50 年代修建青藏公路的时候，为了方便施工部队，也为了保卫公路沿线的安全，防止反动武装或仇视社会主义的坏分子袭扰，建立了很多兵站，大约八九十公里一个。因为铁路拟选的线路基本与公路平行，刘昌明他们就是从一个兵站到一个兵站地转移、住宿、勘测。

那天，吃过早饭出发，由格尔木南行七十多公里，用了近三个小时赶到纳赤台。兵站的人们讲，“纳赤台”蒙古语的意思是“有松树的地方”，藏族语的意思是“放过佛像的地方”或“沼泽中的平台”。传说文成公主进藏途中，从西路运送金身佛像的人在这里发现了清澈的泉水，放下佛像而痛饮，便有了这样的称谓。这眼泉水四季喷涌，长流不竭，中心犹如晶莹剔透的蘑菇状花朵，似要随风飘动起来。

本来，大家已经被汽车摇晃得缺乏了精神，吃饭都没有了胃口，但听着遥远而动人的传说便兴奋起来，纷纷跑到泉水那里去观赏。不过，这短暂的兴奋之后便是高原反应带来的折磨，令人痛苦难眠。因为，他们已经走到了海拔 3540 米的高度。

虽然还没有完全适应高原的生活，但必须尽快展开工作。第二天，他们就沿着原路折返，到规定的地点勘测，晚上再回到纳赤台。第三天，继续去往来时的路段勘测，直到完成那一段的勘测任务。接着，便去往纳赤台和不冻泉之间的那一段勘测。不冻泉是下一个兵站，他们勘测的位置是两个兵站之间一半的距离，另一半需在不冻泉住下之后才勘测。

完成某一段的测量，要在一个兵站住下来，能开车的地方就开车去，不能开车的地方只好步行。即便开车，也要中途停下来做某一段的勘测。所以，一段路，他们总是来回走，反复走。每一个人心里都清楚，他们勘测完沿线，徒步行走的路，要比实际距离多出几倍。

每次搬往一个新的兵站，大家就把铺盖卷打好，放到车上，人坐在铺盖卷上，权当是不花钱的软座了。到了兵站，在十来个人住的大通铺上把铺盖卷打开便可以就寝。若能如此，还是比较好些的，倘若赶上规模小的兵站，路过的人员多，没有他们住的房间了，只好搭帐篷。

那里的昼夜温差大，夜间温度有时候会降到零下，睡觉常常被冻醒。至于吃的蔬菜、肉类、米面，每隔几天就要回格尔木去拉来。不过，在高原做饭不像在内地，因为氧气稀薄，水温到七八十摄氏度就沸腾了，貌似做好的馒头、米饭却是半生不熟，很多时候要点上煤油炉子，用高压锅来做。

刘昌明对那里的缺氧深有体会，有一天，他们住进了海拔达到4540多米的雁石坪兵站。因为那里的岩石上有许许多多的小眼，酷似一群群飞翔的小燕子，所以才有了雁石坪的称谓。不过，刘昌明他们没有心思欣赏这种罕见的美景，因为他们越来越感到缺氧的痛苦，闲情逸致荡然无存。

晚上，刘昌明要去厕所，因为没有电，照习惯点根蜡烛，可是，划了一根火柴，灭了。再划一根，还是灭了。他先以为是风吹的，看看帐篷的门帘关得严严实实，便估计是自己呼吸太猛，屏住了呼吸继续点，依然没有点着，这个时候，他才意识到是氧气含量不足。

因为缺氧，他们个别队员适应不了，有生命危险，只好中途返回格尔木。刘昌明已经40岁了，在队里年龄是最大的，高原反应一直让他感到身体不舒服，但为了不影响大家的情绪，他从来不讲自己有何不舒服。不过，他是明显地感到，因为胸闷，夜里常常失眠，白天浑身乏力，若不是勘测的重任在肩，他真想躺下来美美地休息几天。

随着时间一天天过去，他自己可以看到，指甲出现了凹陷，尤其是两个大拇指更为明显。后来，回到格尔木检查身体的时候，他被诊断为心肌劳损，乃劳累和缺氧所致。指甲的凹陷，主要是因为营养不良。

他们去的时候是春天，那里的温度还很低，虽然给他们发了质量很不错的登山羽绒服，但在旷野、山间或突然而至的风雪中工作，还要承受严寒的袭扰。到了夏天，晴空无云，太阳暴晒，身体裸露的地方会一层层地脱皮，用毛巾擦一擦就钻心地疼。在有些灌木较多的地方，尤其是胡杨林里，蚊子很多，个头也大，成群结队，像小旋风一样飞来飞去，稍不注意就被叮上了，一巴掌下去就是一片血迹。为了防护，他们每个人只好戴上近似养蜂人所戴的那种纱帽。尽管如此，还难于抵御蚊子出其不意的偷袭。那段时间，所有人的胳膊上或脸上总有三两个被蚊子叮过的包，红肿且奇痒，几天时间都下不去。

当时的公路，仅仅达到了可以行车的程度，是名副其实的"坎坷不平"，刘昌明他们很多时候乘车到勘测点去，没有铺盖卷可坐了，不管是站着还是坐着，都不是一种享受，而是受罪，五脏六腑简直要移位了，很多人感到坐车还不如在勘测点工作舒心。给他们配备的那辆吉普车，几乎每天都在坑坑洼洼的道路上行驶，颠颠簸簸，忽上忽下，过了一段时间控制方向盘的部件就出问题了，在一次行车中方向盘突然失灵，不能把控的吉普车突然栽到了一条沟里，险些酿成大的事故。

他们做饭，有时候用煤油炉，有时候烧煤炭，但也有煤炭供应不上或不适合用煤油炉的时候。遇到这样的情况，他们就找老百姓买柴火。若买不到，这些勘测者就成了砍柴人，分成几个小组出去，寻找些枯死的树木，如胡杨、山柳之类，砍下来当柴烧。那些似干非干的柴火不好燃烧，浓烟一团一团地往外冒，熏得人眼泪鼻涕往下流。刘昌明有时候也去帮帮厨，那烟熏火燎的滋味好多年都忘不掉。

自然环境恶劣，生活条件艰苦，工作任务繁重，他们面临着多重考验，也勇敢地面对着多重考验。由春天而夏天，刘昌明带领着他的团队，一路向南，一路勘测。此前，刘昌明他们已经了解到沿途的地质复杂，到了现场才发现有着难以想象的多样性。

以往，勘测的地方土壤变化不大，土壤的种类比较单一，要么以黄土地为主，要么以砂石土地为主，要么以平原上的黏土沙土为主，而这里却不然，有高山寒漠土，巨石裸露，植被极少；有高山草甸土，生长的草丛低矮，根系密集，形成片片牧场；有高山草原土，分布于山坡、沟谷、滩地，牧草种类少，覆盖面积不多，土层的厚度随地形变化而不同；有灰棕漠土，植被单调，丛生着根系发达的耐旱灌木，可放牧骆驼、山羊，但不宜耕种；有风沙土和新积土，由河水多少年间冲积而成，地下水位浅，土壤多潮湿。另外还有草甸土、粗骨土、盐土等。

还有一种情况，就是植被的复杂，有高山草甸植被，有高山草原植被，有山地荒漠，还有平原荒漠、草甸植被及混合型的植被等。种类很多的土壤，极其复杂的植被，在降雨量一样的情况下，其形成的径流必然不同。以往的水文资料仅有少得可怜的记载，或根本没有只言片语的记载，刘昌明他们必须在铁路经过的地段认真勘测，得出精准的径流数据，以提供涵洞、小桥的设计方案。因此，必须逐一划分，逐一勘测，还要有选择地做人工降雨实验，这就大大增加了工作量。

如今，谈到人工降雨实验，参与者会重提他们在黄龙实验站做人工降雨用的装置，这次勘察依然用那样的装置：“这种装置便于携带，测量的准确度也比较高。在沿线做实验的时候，要选择不同的场地，也就是选择不同的环境，各种地貌都要考虑到。还要进行不同雨量的实验，分几次做，有时候一个点的实验要做一天或几天。”

参与者回忆说，他们一路前行，也就一路做着人工降雨实验。

过了唐古拉山，进入西藏境内，铁路经过的地方，有的是南北走向的高山地貌，有的是东西走向的高山地貌，但平缓的坡地多了，宽阔的牧场多了，同样的雨也会在这里形成不同的径流。刘昌明他们根据地形地貌，及时制定出新的勘测方案。

经过几个月的跋涉，到达了拉萨。他们休整了几天，并在当地收集了一些资料就返回格尔木。

晨霜初见，落叶飘零，已经是初秋了，他们的工作转入室内。

年底，刘昌明他们返回北京。按规定，他们可以在家里休息一段时间。可是，刘昌明闲不住，不工作心里就没有着落。想到这次勘测之后还有很多很重的案头事情要做，他第二天就到所里去了。那些日子，他的心肌劳损已经比较严重了，有时候每分钟心跳上百次。关威看到他神情倦怠，有时候显出很不舒服，劝他在家休息几天，去医院看看，他却说："没有大事，高原上都挺过来了，这里还能怎么样？吃点药就行了。"

关威也是无奈，她只能适应了。以往，不止一次，刘昌明从外地回来，有时候甚至是从国外回来，遇到他自以为要抓紧办的事情，不回家，直接就去了办公室。跟随他的人曾讲："赶上吃饭的时候，也不一定回家，在路边小摊吃，凑合一顿。"

那次，除了春节那几天必要的迎来送往，他一直在忙碌，无非是在书房和办公室。

春节过后，刘昌明和中科院参加青藏线勘察的几个人又去了格尔木，继续完成桥涵设计的后续工作。他们租住当地居民的房子，几个大屋子，有的当办公室，有的当厨房，有的当寝室，十几个人一起住，仍然过着集体生活。

此前，刘昌明已经多次组织过室内和野外小径流实验，多次参与或组织过在陕西、甘肃、内蒙古、新疆、青海、西藏境内的小径流实验，创新了计算方法，积累了丰富的资料，曾经发表过《黄土高原暴雨径流预报关系初步实验研究》的论文，对黄龙、洛川地区的暴雨、暴雨损失及产流进行过分析，对黄土农耕地暴雨径流的计算有过研究，对黄土坡耕地暴雨冲刷统计规律与计算也有过研究。所以，1975 年由他来牵头撰写《小流域暴雨洪峰流量计算》一书，吸收铁道部第一勘测设计院、中国科学院地理研究所和铁道部科学研究院西南所的有关人员参加。

在这本专著里，专家们根据自己的实验所得，并借鉴他人的研究成果，从多方面阐释了小流域暴雨洪峰流量形成的主要因素，如暴雨、土壤、地形、地貌、植物被覆等因素的影响，河槽的影响，山坡水流过程的影响等。同时，还详细介绍了暴雨洪峰流量的计算公式，有比较复杂的、适合计算机计算、精度较高的计算方法；也有比较简单的、适合算盘和手算、其精度同样能满足设计需要的方法。这个简单的计算公式，任何指数开方，利用乘方图就可以查出，不用借助以往所必须依赖的计算尺。计算过程仅仅使用乘除法，利用算盘和手算就可以轻松地完成。这在那个使用计算机尚属凤毛麟角的年代，无疑减轻了人们的劳动强度，提高了工作效率。

不管是复杂的计算方法，还是简单的计算方法，刘昌明在自己担任撰写的章节中，分别以《洪峰流量的形成与计算公式》《洪峰流量计算的简化方法》做了介绍。

这两篇文章的主要内容，在 1976 年的《铁道建筑》杂志，分两期做了介绍，使更多的人受益。

由于《小流域暴雨洪峰流量计算》这本专著的重要价值，其在 1978 年出版当年召开的全国科学大会上，获得“全国科学大会重大科技成果奖”。

此前，铁道部基于刘昌明对铁路建设事业多年而重大的贡献，于 1976 年 12 月，特意在铁路系统，通报表扬了他的先进事迹。

同在这一年，刘昌明还有了一个新头衔——《地理集刊》编委会成员。这本杂志新创刊，是中国科学院地理研究所人员发表研究成果的重要平台。

奖状

0011471

为表扬在我国科学技术工作中作出重大贡献者，特颁发此奖状，以资鼓励。

受 奖 者：中国科学院地理研究所

合作完成的成果：11. 我国风压、雪压、气温的分布及其在工程建筑中的应用

12. 北京西郊地区环境污染调查与环境质量评价研究

13. 官厅水系水源保护的研究

14. 小流域暴雨径流分析与计算——西北、东北、华北地区

15.《中国水文图集》及区域性水文手册和水文图集

全国科学大会

一九七八年

1978 年，获全国科学大奖

在“科学的春天”里

“多交业内的朋友，对开阔眼界有好处，对获得和推动研究项目也有好处，对国家有益。”

1978年3月18—31日，中共中央、国务院在北京隆重召开了全国科学大会。时任中共中央主席、国务院总理华国锋主持了大会开幕式，并于会中做了题为《提高整个中华民族的科学文化水平》的重要讲话；中共中央副主席、国务院副总理邓小平在大会开幕式上讲话，阐述了“科学技术是第一生产力”的重要论断。大会闭幕前，由播音员宣读了中国科学院院长郭沫若的书面讲话《科学的春天》。他在讲话中欢呼：“我们民族历史上最灿烂的科学的春天到来了。”

“科学的春天”是对那一阶段科学领域暖意盎然、百花竞相绽放的生动描绘。刘昌明像其他许多科学家那样，经历着科学的春天，参与着其间重大的活动。

其中的一次，与美籍华人马润潮有直接关系。这位在美国俄亥俄州立爱克伦大学执教的先生，原籍陕西米脂县，1937年出生于河南巩县，1949年随家人去往台湾，读完大学后到美国深造，并在那里定居，从事地理学研究。他后来专注于我国城市与地域经济发展的研究。

马润潮因其华人的特殊身份和经历，十分关心中美关系的发展。令他欣喜的是，1972年2月，美国总统尼克松访华，中美两国达成协议，将推进在科学、技术、文化、体育和新闻等方面的民间交流。年内，有近百位美国专家学者通过民间学术渠道对我国访问。我国自1972年秋天起，先由中国医学科学院派遣11位医务工作者组团访美。之后，则是时任中国科学院生物物理研究所所长、著名生物学家贝时璋教授为团长，率领中国科学院学部委员（院士）钱伟长教授、时任中国科学院高能物理研究所副所长张文裕教授等人参加的 7 人代表团访问了英国、瑞典、加拿大、美国四国。从这个时间到马润潮产生访问中国的动议，两国科技代表团每年都有互访。

中美间科技人员的互访活动催生着马润潮心中的酝酿，所以，在 1976 年年底，他与所在大学地理系主任诺布尔写信给中国科学院，希望来中国访问。次年 4 月，中国科学院外事局请示外交部之后，同意马润潮他们来访。8 月，诺布尔、马润潮等 10 位美国地理学家组成的民间代表团来到中国。他们去往北京、上海、南京、成都、广州、桂林及湖南韶山，进行了为期 1 个月的考察访问，并与中国科学院地理研究所和各地大学地理系进行学术交流。

刘昌明由地理研究所安排，全程陪同了访问团的活动。他是个善于向别人学习的人，这一点促使他抓住一切机会与美国专家交流，能够使他们之间不仅仅有了专业方面的倾心交谈，也有了如同朋友般的推心置腹，其中有的人成为了终生的朋友。

对于刘昌明的善于交友，他的同事和学生颇有感受，其评价是：温文尔雅，和风细雨，让人感到亲切，愿意与之晤谈交心。刘昌明对此有着自己的认识：“多交业内的朋友，对开阔眼界有好处，对获得和推动研究项目也有好处，对国家有益。”

那次的随团交流，刘昌明得益于自身的英语有了一定的基础。刘昌明读大学的时候学习的是俄语，到苏联进修派上了用场。可是，随着中苏关系从 20 世纪 60 年代起越来越冷，中苏科技专家间的交流也逐渐减少，俄语不知不觉间被冷落。到了 70 年代，随着中美关系解冻，中西交流增加，英语日渐受到青睐。刘昌明敏捷地意识到，将来的科技交流，必然会更多地用到英语，若不抓紧学习，注定被淘汰出局。作为一个充满奋斗精神的专家，为事业着想，他要尽快补己之短。

危机感使其有了紧迫感，课余时间学习英语成为他的首要安排。1977年之前的一段时间，他和爱人关威、儿子刘昆，还有母亲，一家4口人，与同事家住在一个单元里，厕所、厨房共用，卧室只有狭小的9.5平方米，放一张双人床和一张单人床，再放一张小圆桌，一个小书架，就剩下立锥之地了。在这样的环境里，他每天早上和晚上坚持看英语书，听收音机里的英文新闻广播。即便是在1976年唐山大地震，一家人住在简陋逼仄的地震棚时，他也没有放松外语的学习。为此，他还特意买了一个“砖头式”的小型录音机，把想学的内容录下来，反复听，反复念，同时也录下自己的诵读，在听的时候发现问题。应该说，刘昌明的英语学习，是伴随锅碗瓢盆交响曲进行着。

“学英语，不光要会写会念，更要会听。很多人会写会念，听不懂，就没有学到家，影响使用。”从一开始，他就注意听的环节，所以学得就扎实。虽是自学，但发音准确，单词也记得多，他有些英语科班出身的学生会由衷地佩服他，不止一人讲道：“先生的口语比我好！”

刘昌明上小学读的是教会学校，那里有外籍老师教授英语课程，他学习过几年。虽然他再次学习英语的时候已经过去了二十几年，但那点儿“童子功”或许仍有影响，所以他的发音还是比较纯正的。

陪同美国地理访问团的时候，他还是第一次与外国人用英语打交道，口语不怎么熟练，以至于偶尔会冒出一两句俄语，让陪同的专职女翻译不禁为之掩口窃笑。可是，当美国代表团一个月的访问结束时，那位翻译由衷地笑着说：“刘老师，你的英语可是提高了一大截呀！”说话间，她用双手比划着，其中的一只手从一个高度突然提升到另一个高度。看到这生动形象的手势，在场的人都乐了。

这次活动不久，刘昌明介入了一个终生难忘的工作，因为那是只有出类拔萃者才能够参与的工作。

科学技术是生产力的重要组成部分，对国民经济的兴衰举足轻重，所以我国历来重视科学技术的发展。1955 年，国务院科学研究计划工作小组就提出了编制十二年科技规划，周恩来总理亲自领导，调集数百名各种门类和学科的科学家参加，并邀请了苏联科学家献计献策。次年，颁布了《1956—1967 年科学技术发展远景规划》。1960 年，提出“调整、巩固、充实、提高”八字方针，要求对各行各业的工作进行调整，此《规划》有所修订。1977 年 8 月，在科学和教育工作座谈会上，邓小平指出科学和教育需要有一个机构，统一规划，统一协调，统一安排，统一指导协作。同年 12 月，在北京召开全国科学技术规划会议，召集各类学科的千余名专家、学者参加科技规划的研究制定。

中国科学院的牵头人是冰川研究专家施雅风，他邀请了地学方面各领域的专家百余人，其中有 1956 年主持制定《1956—1967 年科学技术发展远景规划》（别名“12 年科技规划”）自然地理学部分的全国人大代表黄秉维，地貌学家、海洋地质学家任美锷等老一辈科学家，也有中青年一代科学家，44 岁的刘昌明是最年轻的一位。

就中国科学院所担负的任务，那次的规划研究分成了海洋组、气象组、地质地球化学组、古生物组、地球物理组、地理组、综合考察组。刘昌明参加了地理组的研究。

某个方面规划的制定，基于对某个方面历史的研究、分析及对未来的设想，参与者根据自己的专业研究发表着自己的意见。刘昌明所关注的是水文水资源方面的情况。前些年内，他虽然在无测站流域水文预测方面用力较多，但同样关注南水北调工程的研究。

我国的南水北调工程早在建国初期就被毛泽东主席所考虑，他在1952年视察黄河时曾说；“南方水多，北方水少，如有可能，借点水来也是可以的。”后来，南水北调引起党中央的重视，多次就此进行过研究，中国科学院也曾经派员对长江上游调水路线进行过野外考察。由于我国的经济遭遇过寒冬，加之“文化大革命”，南水北调工程一段时间少有人问津。1972年，华北各省（市）、东北各省及河南、陕西发生新中国成立以来罕见的旱灾，春季的干旱至夏季仍在持续，水库蓄水减少，城市供水困难。当此关头，周恩来总理强调南水北调工程尽快启动。没有料到，两年后，曾经饱受干旱之苦的大部分省依然没有被苍天所眷顾，有的地方雨水少得可怜，有的地方一滴都没有。正是在这样的背景下，关于南水北调工程的研究、勘测快马加鞭。

刘昌明始终关注着这方面的进展，收集并研究有关资料，所以，他就南水北调中水资源的平衡、防止受水区的水污染、警惕受水区土地的盐碱化等问题发表了自己的观点。他的一些建议，写进了《1978—1985年全国科学技术发展规划》之《基础科学规划》。

在这宝贵的制定规划草案的时间里，刘昌明通过与众多老科学家的接触，通过收集研究有关资料，收获颇丰。他不仅从老科学家身上看到了踏踏实实的从业态度、一丝不苟的治学精神、不负党和人民重托的使命感，也学到了很多新知识和完成规划类课题的方式方法。这些，对他以后更加呕心沥血地为水文水资源研究做出贡献，为搞好国家重大项目的咨询无不有所启示，无不有所帮助。

专家们的意见写入了《1978—1985年全国科学技术发展规划》，其中就有南水北调。1979 年 2 月下旬到 3 月上旬召开的第五届全国人大一次会议通过《政府工作报告》中明确提出："兴建把长江水引到黄河以北的南水北调工程。"

这时节，科学的春天犹如艳阳高照，分明让人心旷神怡，精神振奋，科技战线的人们按捺不住久违的激动，奋斗的热情异常高涨。规划草案在 1978 年 3 月的全国科技大会上通过，10 月才以中央文件的形式下发，然而，科技战线的人们在科技大会闭幕之后就迅疾行动起来。

1978 年 7 月，中国科学院在经过周密的考虑之后，启动了"南水北调及其对自然环境的影响"这一国家重大攻关项目。这是水利部、科委（也就是现在的科技部）和中国科学院三个单位共同支持的，主要由自然资源综合考察委员会和中国科学院地理研究所两个单位承担。时任地理研究所业务处处长的地理学家左大康先生任地理研究所的项目负责人，刚刚升任水文研究室副主任两个月的刘昌明是此项目中水文水资源方面的负责人。

根据地理研究所领导的意见，刘昌明立刻投入工作，首先要召集有关专家进行前期讨论，他很快起草了会议的有关文件，请水利系统有关单位代表参加，并由他亲自写信邀请著名专家。很快，众多专家和水利系统有关单位代表百余人汇聚于石家庄，用 3 天时间召开南水北调对自然环境影响研究的启动会。

从刘昌明邀请的专家名单可以看出他的匠心，第一个受邀的是华士乾先生。他 1921 年出生于江苏无锡，新中国成立之前毕业于国立中央大学土木工程系。1977 年之前已经在全国水文资料整理委员会、南京水利实验处水文研究所、水利电力部水文局、淮河水利委员会任职。刘昌明发出邀请时，他正在南京筹建水利部南京水文水资源研究所。由他主编的《洪水预报方法》乃我国最早的水文预报专著之一，曾被译成苏联、朝鲜、越南等多国文字。南水北调是调长江之水，有如此背景的人当然是可以视为难得的谋士。

刘昌明邀请到了熊毅。他出生于 1910 年，在新中国成立之前就担任了中央地质调查所土壤研究室主任，有专著问世，并在新中国成立之后到美国威斯康星大学深造，回国后担任中国科学院南京土壤研究所所长、中国科学院南京分院院长等职。石家庄会议后，他根据多年从事黄淮海平原综合治理和农业开发的研究和实践经验，撰写了《南水北调应注意防治黄淮海平原土壤盐碱化》的论文，随之提出《对南水北调的几点意见》。实践证明，刘昌明请他加入所做项目的研究中，是十分必要的选择。

还有叶笃正。他担任过中国科学院大气物理研究所研究员，一年后出任中国科学院大气物理所所长，两年后选为中国科学院地学部学部委员（院士）。

还有谢家泽。他曾任水利部水文局局长、北京水利水电科学研究院副院长兼水文研究所所长。

……

被邀请者无一不是某一学科的带头人或有卓著贡献者。因此，会议的收获很大，进一步明确了开展南水北调中有关课题研究的方向和方式方法，拟定了南水北调及其对自然环境影响的 14 个专题，如南水北调地区的水量平衡、水资源的综合评价与供需平衡和水量调蓄的研究、灌区土壤次生盐渍化的防止、调水对灌区及其邻近地区气候的影响等。这些，均列为中国科学院的重点研究项目，并议定从 1981 年开始，用 5 年的时间完成。

《1978—1985 年全国科学技术发展规划（草案）》在 1978 年的全国科技大会上通过，10 月以中央文件形式转发，简称《八年规划纲要》。此时，刘昌明一行 10 人已经踏上了美国的土地。

原来，马润潮等美国地理学者访问我国，为我国地理学界领导和学者的热情所感动，同时也觉得有深入进行学术交流的必要，所以邀请我国地理学方面的专家访美。为了完成这次访美，1978 年 9 月中旬，组成了以全国人大常委会委员、院士黄秉维为团长，吴传钧院士为副团长，北京大学、中山大学、南京湖泊所、长春地理所、中国科学院等单位专家参加的访问团。

自 9 月中旬到 10 月下旬，为期 40 天，访问团在美国访问、考察了 20 多个城市、16 个大学，参观了很多实验室与先进的科研设备，以及经济发达的现代化城市。

刘昌明自从事水文水资源研究那天起，就一直把水文水资源的研究放到地理学研究的大背景下，十分关注国外的研究领域，对美国的地理学研究有一定的了解。这次访问，使他看到了更广阔的研究空间。他们了解到，美国的地理学家关注着各种地质地理现象、水土资源、海洋、气候，以及地理环境的机理、结构、形成规律；关注着国家与地方经济社会问题，如人口、工业、交通、资源、环境、社会、城市、旅游、农业地理等。甚至对我国不曾涉及或没有专门人员从事的疾病地理、犯罪地理、军事地理也有深入的研究，还创立了区域地理学、城市地理学与旅游地理学。他们还投入人力物力对遥测遥感、地图编制、地理信息系统进行研究。

一个过去不曾了解的现象也让刘昌明感到新鲜，即美国一些大学组织专门人员，对国外地理学和政治地理学进行研究，并获得了令人称道的进展。

在 40 天的访问中，刘昌明更关注自己研究的具体领域，遇有同行就积极交流。自 1977 年那次美国地理代表团来华访问，他用英语做了一些交流后，更加意识到学习英语的重要性，之后充分利用一切时间，坚持不懈，英语水平提高很快，与国外同行交流已经没有任何障碍。很多场合，只要涉及自己的研究范围，他都会直接与美方人员交流，也会在参观中直接提出问题，获益匪浅。

在回忆这段往事时，刘昌明曾经谈道：“那次的活动安排得非常紧凑，每到一地都与有关学者密切接触，连早饭的时间都在一起吃，边吃边交流。我很喜欢这种接触方式，可以在轻松愉快的氛围中了解我想知道的问题，可以见缝插针地讨论，对提高我的英语水平也有帮助。

“我们有两次比较正规的学术交流会，美国一些著名的水文专家参加。黄秉维所长两次都安排我发言，我起初不是太自信，可是，为了交流，也是为了锻炼我的英语发音，我就没有推辞……考察安排得非常紧张，白天参观访问，深更半夜准备论文，还是较好地完成了领导交给的任务。事后想想，人如果面对一些压力也算好事，有压力就有动力，就能进步。如果知难而退，就做不成事了。

“访问中，印象比较深的是，我们在密西西比州、科罗拉多州和亚利桑那州，参观他们的水土保持研究站、实验室及农场农业实验区，发现他们在基础实验上做过大量分析，系统地总结研究方法，提出了许多有效的措施，为美国的环境保护利用做了大量工作……代表团所到访的大学地理系向我们介绍有关地理学的发展，使我们受到启发。回国后，我们借鉴其经验，做了许多地方资源调查与城乡规划工作。”

刘昌明结束访问，回到家里的时候，他看到自己的书桌上有一本刚出版的杂志《地理学报》。原来，他与人合作的论文《黄土高原森林对年径流影响的初步分析》发表。刘昌明在这方面的研究已经有一段时间了，因为他了解到，在国际文献资料中，存在着两种截然不同的意见，一些人认为森林会减少年径流量，另一些人则认为森林可以增加年径流量，中国的一些科研人员在 1960 年分析黄河中上游四组对比流域，结果探明森林地区年径流量比无林地区小。刘昌明决意要对此弄个究竟。他与钟骏襄分析了黄河中游水文站、雨量站、水土保持实验站及其小区径流实验资料，跨度达 13 年之久。他们分析认为，不同的气候，不同的地域，不同的地貌，诸种因素对森林与无林地区形成径流大小皆有影响，不可一概而论。他们针对有的学者所说“森林能使河流枯竭”，得出相反的结论：“黄土高原的森林并不单纯地减少水量，而是通过森林复杂的拦蓄、调节作用，减少洪水流量，防止水土流失，改变地表水与地下水的比例，增加地下径流量，改变径流分配过程，使河流水量变化缓和、稳定，水源常年不断。因而，森林的作用，在总的方面是有利于人类利用改造自然的。”

他们的这种推论对保护森林资源有着重要意义。

翻阅着这篇论文，刘昌明掠过一丝想法：在美国访问时，他们已经意识到，在地理学发展方面，美国专家值得借鉴的方面不少，诸如基础研究、实验方法、应用技术与培养人才。还有，美国学者已普遍应用计算机和遥感遥测等信息科学技术，注重野外实地考察。可是，也有不足之处，比如纯理论方法研究较多，真正结合实际做研究，为国家建设与地方服务的项目较少，这是应该注意的倾向。

刘昌明个人或与他人合作的研究，其根本目的都在解决某个方面的问题上，有的是已经发现了问题而寻找解决的途径，有的则是预测到可能出现的问题而寻求避免的办法，总归是对社会有实际意义。他将此视为一个科学工作者始终不渝的追求，是应有的职责，是科学工作者存在的必要。

1978 年，刘昌明（后排左一）与黄秉维（前排中）、吴传钧（前排左一）等地理学家一起访美（后排右一为马润潮）

1978 年，访美留影

华所长：

您好！

这次在石家庄召开的南水北调科研会议，我们请您作为特邀代表参加会议，这次一共邀请了 7－8 位特邀代表，有南京土壤所的熊毅，农科院[illegible]的[illegible]，水科院谢家泽，大气所叶笃正等。

我们的会议[illegible]请您为[illegible]北京，并来京后通知我们住的地方，以便我们拜访求教！

北京的另外一名代表不知您派谁参加？

我们现在都在筹备会议，事情较多，来京后可否为我们讲一课，作学术报告？

[illegible]！

刘昌明

1978.6.26

1978 年，刘昌明邀请著名水文学家华士乾教授参加南水北调科研会议的信件

从栾城到禹城

当时他或许不会意识到，此后的几十年间，他一直与这个试验站有着密切联系。

在石家庄召开的“南水北调及其对自然环境的影响”项目启动会议之后，刘昌明没有回北京，而是随着黄秉维所长直接去了栾城生态农业试验站。当时他或许不会意识到，此后的几十年间，他一直与这个试验站有着密切联系。他们拜访过县领导，商量在栾城建立现代化农业研究所的事情，然后去往冶河农业科学技术研究所。

20 世纪 70 年代中期，中央提出加快农业、工业、国防和科学技术的现代化建设步伐，各地比以往更加注重农业的科研，栾城县于 1974 年 11 月在冶河村那里建立了冶河农业科学技术研究所。

1975 年，胡耀邦到中国科学院任党组书记，他和时任中国科学院副院长的李昌重视农业科技研究，决定在东北、湖北、河北分别搞三个农业现代化的样板县，河北的栾城农业搞得比较好，加之土壤肥沃，水源充足，粮食历史性高产，样板县就建在了那里，这对冶河农业科学技术研究所的发展也有一定的促进作用。

黄秉维所长和刘昌明他们在那里考察之后，认为可以先搞一些培训，择机建立较大规模的试验站。之所有如此设想，是因为 1978 年 2 月中共中央批准栾城县为全国农业现代化综合科学实验基地之一。1978 年 6 月，中国科学院、河北省委共同研究布置栾城县自然资源考察和农业区划工作，由 70 余名专家、教授、科技人员和 250 名农民技术员组成土壤、气象、水利、综合经济和农业区划 5 个小组，全面开始对栾城农业资源进行考察。实际上，有组织、大规模的农业科技研究已经启动，他们此行正当其时。在他们的建议下，河北省委召开了栾城县现代化综合科学试验基地工作专题会议。

1979 年，中国科学院开始在石家庄市内的槐底村那里征地，筹建石家庄农研所。参加栾城县自然资源考察和农业区划工作的人员纷至沓来，县招待所一时间热闹非常，住满了科技人员，一房难求。冶河农科所那里在春、夏、秋三个季节活跃着科技人员的身影，刘昌明也不时来到这里调研、授课。

在栾城站考察之后，刘昌明等人又随黄秉维先生去往禹城站。

此前，刘昌明多次去过禹城，所以对禹城和禹城综合试验站有着较多的了解。清康熙年间，禹城知县曾九皋作《禹亭记》，追忆大禹治水时登临县城附近的具邱山观览水势，“以故县号禹城”。禹城县位于鲁西北，属黄河泛滥冲积平原。因为地处黄河下游，地势低，新中国成立前屡遭黄河洪泛之苦，禹城多成泽国，土壤非盐即碱，少有良田。自 1959 年引黄灌溉之后，虽略有改善，但涝灾频发，农作物时有绝产。1966 年，根据国务院治理黄淮海平原的指示精神，在石屯、伦镇、安仁、城关一带建立井灌井排旱涝碱综合治理实验田。次年，中国科学院把禹城实验区引入黄淮海治理项目。“文化大革命”中，有些实验一度中断，直到 1975 年，中国科学院、中国农业科学院、山东大学等单位的科研人员才再次汇聚实验区，继续开展改造土壤，选择合适的农作物品种，粮棉间、混、套技术等方面的研究。这期间，刘昌明到禹城综合试验站来的机会就更多了。

1978 年，国家科委下达了“山东省禹城县盐碱地综合治理实验”项目，中国科学院是项目的参与单位之一。刘昌明等人跟随黄秉维所长到禹城进行调研，目的是根据南水北调的需要在禹城建立实验站，以期对华北平原的水资源、水量平衡和农作物的耗水、需水规律，以及大气降水、土壤水、地表水、地下水的四水转换规律进行研究，获得水资源定量数据，以便对黄淮海平原的旱涝碱中低产田的水盐动态和综合治理进行试验和示范。

1979年，山东禹城综合试验站正式成立。为给实验提供更好的条件，次年春天，刘昌明与中国科学院地学部主任李秉枢、地理研究所所长左大康，以及水文室的孙祥平再次来到禹城，商议扩大试验站事宜。禹城县和禹城改碱试验区领导给予大力支持，把改碱试验区办公区域内属于南北庄的300亩农田以及另外200亩农田划给禹城站，同时把他们办公、实验、住宿的60间房屋给了禹城站。这片区域，因为在原试验站的南边，所以称为禹城站南园，很快建起了办公楼、气象观测场、水面蒸发观测场。

被誉为“业内圣经”的书

“为了取得最大的调水效果，必须研究调水的全部有利和不利因素的影响，以及可能产生的后果。要从技术、社会、经济、调水环境、政策、法律等多方面去考虑，不可顾此失彼。”

在联合国的下属机构中，有一所特殊的大学——联合国大学。1969年，时任联合国秘书长的缅甸人吴丹提议建设一所符合联合国宪章的，以为世界和平、人类进步作贡献为宗旨的国际性大学。此举得到了一些国家的支持，1975年开始运行，联合国大学的本部设在东京。它有别于普通大学，没有传统大学的概念，没有校址，也没有学生，是联合国大会一个具有自决地位的机构，是一个为了达成联合国的诸项目标、以就有关国际共同的课题进行研究，以及人才培养为目标的研究者们的国际共同体。其经费来自各国政府捐款和财团、个人等民间赠款。

1979年，时任中国科学院地理研究所所长的黄秉维先生与当时的联合国大学副校长曼赫斯特教授有所交流，提议就跨流域调水研究进行合作，得到了他的支持。次年10月初至11月初，由国际生态模拟学会主席、国际水资源协会副主席比斯瓦斯博士带队，来自美国、日本、联邦德国(西德)、埃及、加拿大等五国的9位专家来到中国。

这是一个高水平的专家团队，埃及的穆罕默德•阿布-赛义德博士是埃及灌溉部水研究中心主席；赫尔曼是联邦德国拜罗伊特大学水文学讲座教授；斯科戈搏是美国科罗拉多州立大学教授；冈本雅美是日本岩手大学教授……每个人都在水文学研究方面有一定的建树。

计划中的南水北调工程贯穿长江、淮河、黄河、海河四大水系，行走大半个中国。其线路之长、调水量之大乃世界上其他国家远距离调水所没有；流经的地貌之多样，工程建设之复杂，产生的生态影响之难以预测，同样为世界上有过调水经历的国家所难以比拟。因此，我国对这项改造大自然的宏伟壮举十分重视，借国外专家前来考察的机会，派出了水文水资源方面的诸多专家参与，或随团考察，或就已有资料进行研究。刘昌明与左大康先生全程参与了实地考察。

在一个月的时间里，专家们沿南水北调的中线和东线，在河南、河北、北京、天津、江苏、山东等省（直辖市）进行考察，听取汇报，收集资料。

刘昌明回忆说："这件事情，属于我的工作范围，我要具体抓。我们从北京出发，一路南下，沿途有考察，就到了武汉。然后，乘轮船到南京，接下来去扬州，沿着大运河北上，走走停停。这一圈，用了 20 多天的时间。后一阶段，在北京友谊宾馆召开了学术交流讨论会。"

就南水北调的专题而言，这是一次具有历史意义的高规格研讨会，中外专家近 70 人，其规模前所未有。会上，外国专家介绍了其所在国或研究所涉及国家的远距离调水的历史、现状、遇到的问题，以及应该考虑的物理系统、生物系统、人类系统等诸多领域，科学地对待远距离调水中出现的争论；论证了远距离调水的可行性及科学评价地表水和地下水的水量、水质，弄清楚需水情况和水资源的使用效率，警惕跨流域调水可能出现的污染与原有水资源污染的重合，并注意灌溉系统的设计，防止土壤盐化、碱化；同时通过其他国家远距离调水与我国远距离调水之比较，对我国的调水提出建议，既强调远距离调水的积极意义，又呼吁用好地下水，并根据其他国家的经验直言："一个成功的输水对国家的发展贡献很大，而一个不成功的调水将带来的损害也很大"，因此必须预测几十年间人口、经济水平、需水量等因素的变化，对潜在发展的各方面给予平衡研究。

外国专家谈到的经验、教训、建议，对我国搞好南水北调十分有益，可以借鉴。我国的专家，也就各自对南水北调的研究发表了远见卓识。

这次研讨会的质量令专家们大为赞叹，赞誉声不绝于耳，刘昌明同样深深体会到了其难得的价值，提议将论文汇集成册，正式出版。他的建议得到了领导的支持，由他和左大康先生承担了论文集的编辑，书名定为《远距离调水——中国南水北调和国际调水经验》。国际水资源协会秘书长、东京女学馆大学教授、《国际水资源》主编詹姆斯·尼克姆先生非常看重这部非同凡响的著作，欣然与刘昌明合作，担任此书的英文翻译。

当这本书以汉英两种语言和简装、精装两种装帧面世后，立刻引起业内的关注，被视为世界第一部关于中国水利工程的中外联合评估巨著。由于其不光对中国的南水北调有指导作用，对其他国家的远距离调水同样有指导作用，有人自然十分推崇这部书的里程碑价值，或者说是教科书般的意义，称其为远距离调水研究领域里的圣经。

四十年后，当刘昌明与詹姆斯·尼克姆先生在西安相聚，谈及《远距离调水——中国南水北调和国际调水经验》一书时，仍然兴奋地就这部书所产生的积极影响进行了交流。

在这部书里，收录了刘昌明先生的两篇文章，一篇是《南水北调对自然环境的初步分析》，另一篇是《南水北调地区的水量平衡》。在《南水北调对自然环境的初步分析》中，他沿用了自己一直坚持的“一分为二”分析事物的原则。这得益于他长期学习有关辩证法的理论，尤其反复阅读毛主席的《矛盾论》，所以，懂得在分析事物的时候既要看到事物的一方面，又要看到事物的另一方面，也就是矛盾着的两个方面；既要看到两方面的对立，又要看到两方面的统一。

具体到水文学，在他看来，人们生存的环境有大量新的水源进入，是一种自然力的干扰，必然会引起环境的变化，这种变化或者朝着好的方面，或者朝着坏的方面，原因非常复杂，决定的因素在于对新的水资源是否控制得好，做到兴利除弊。他明确论述："为了取得最大的调水效果，必须研究调水的全部有利和不利因素的影响，以及可能产生的后果。要从技术、社会、经济、调水环境、政策、法律等多方面去考虑，不可顾此失彼。"

他从水量输出区、输水通过区、水量输入区分别论证，指出水在不断地运动着，积极参与自然环境中正在发生和进行的一系列物理的、化学的和生物的过程。因此，研究水分循环及水资源的变化和与之有关的生物循环、大气循环和地质循环的关系，是跨流域调水对自然环境影响的核心问题。他具体分析说，从水量输出区来看，东线调水，长江径流减弱，水的动力减小，会加速细粒泥沙的沉降，扩大长江口拦门沙滩，同时因为水量减少，河道水深和流速变化，对航运会有影响，必须注意枯水季节调水的影响；中线调水要注意丹江口水库下游的汉江中下游干流两侧地区的影响。同时，他也谈到了汉江平原的一些湖泊对长江有补偿调节水量的作用。结论是，南水北调"不会对汉江口以下的长江水量有明显的影响。"

接下来，他分析了输水通过区对湖泊的影响、对生物的影响、对输水河道两侧土地盐碱化的影响及水污染等。至于水量输入区，他主要关注的是来水多了，地下水位上升，土壤的盐碱化。在林林总总的分析过后，他给出的答案是：输出区的环境后效，其消极方面可能大于积极方面，而输入区的收益将比较明显，这就是消极方面和积极方面在区域上的两重性；控制好水文情况就能控制不利因素，发挥好调水的积极效应，"改善自然环境，美化自然环境，发展工农业生产和旅游事业，造福于子孙后代。"

在《南水北调地区的水量平衡》一文中，他就海滦河流域、黄河流域下游、淮河流域、长江支流汉江流域，以及其以东的长江中下游地区的水量平衡进行了分析。他认为这些流域的总水量丰富，但各地径流量和蒸发量不同，造成水量相差悬殊，由南而北递减，黄、淮、海流域无论总水量和单位面积的产水量都比长江小得多，必然要从富水的长江往缺水的黄、淮、海流域调水。进一步，他对四大水系所在省区的水量平衡进行分析，提出根据社会经济发展水平，尤其是工农业和城市用水的需求，对水资源的地区再分配，向农业倾斜。同时，要注意到水量平衡与生态平衡的关系，避免对生态平衡造成消极影响。

刘昌明的这些研究，可以视为他对南水北调研究的初始阶段。此后的很多年，他一直关注着这方面的情况，屡有新的观点和研究成果，丰富着自己关于南水北调的理论。

南水北调系于心

他去美国之前，已经对我国南水北调所涉及的水文专业方面做过一定研究，到美国之后孜孜不倦地收集有关资料，钻研有关理论，以引申自己的思考，连续写出了几篇很有价值的论文。

刘昌明与人合作编辑过中英文版的《远距离调水——中国南水北调和国际调水经验》一书之后，于1981年9月至1982年10月，赴美国亚利桑那大学做访问学者。其间，他与很多美国水文学专家有过接触，尤其是与斯科戈博、马润潮两位已经认识的学者有了更深入的交流。出于对我国南水北调的考虑，他从美国学者那里广泛而具体地了解远距离调水的情况。

美国的远距离调水工程起源于20世纪之初，到20年代已经建成十几项远距离调水工程，之后持续不断，最为有影响的是加利福尼亚州（简称"加州"）的"北水南调"。加州北方水量充足，南方旱灾频发，政府于是决定北水南调。他们围湖截流，建成浩瀚的水库，然后引导滔滔不绝的水流经隧道河道，一路南下，迢迢绵延有千余公里之遥。刘昌明到美国之后，对此魂牵梦绕，不断地做好案头工作，一旦有了访学的空暇，立刻到沿线进行了实地考察。此行眼界大开，目睹了过去不曾见过的壮观工程，感悟了远距离调水应该把握的基本原则。

同时，他了解到，美国的远距离调水，在水文观测、水源保护、水土保持、土壤改良等方面进行过不懈地研究，积累了丰富的资料，值得借鉴。他去美国之前，已经对我国南水北调所涉及的水文专业方面做过一定研究，到美国之后孜孜不倦地收集有关资料，钻研有关理论，以引申自己的思考，连续写出了几篇很有价值的论文。

1983 年，刘昌明在《地理科学》第二期发表了《南水北调用水区水量平衡变化的几点分析》，是他前两年所撰论文《南水北调地区的水量平衡》的深化。在这篇文章中，他进一步明确了由他提出的南水北调中的“三区”划分，并将《南水北调地区的水量平衡》一文中使用的“水量输出区”简化为“引水区”，“水量通过区”简化为“输水区”，“水量输入区”简化为“用水区”。当然，这不仅仅是简化，而是对南水北调所经区域更加精准的认识和描述，是一种理念的升华。

他在文章中分析道，用水区大量灌溉，水量平衡要素必然发生显著变化：土壤包气带充水，地下水位上升，改变土壤层的水盐动态；蒸发加大，空气湿度改变，可能影响到大气降水。这些有可能导致水量不平衡的现象必须注意，以保障用水区在南水北调中真正获益。

他根据获得的水文资料，通过计算颇有说服力地告诉人们，要保持平衡，就要注意控制地下水位始终在一定的高度，他通过计算得出的结果是，“控制地下水位（距离地面）在 2 米左右最为合适”。这个推论令人唏嘘，因为现在用水区绝大部分地方的地下水位远远大于 2 米，有的竟达到几十米，甚至上百米，缺水的现状令人不寒而栗！一旦水资源枯竭，万物灭绝！所以，调水迫在眉睫，乃今人必需，后人之福。

他急切地呼吁：南水北调地区是需要补充水源的，尤其是干旱少雨的年份。但是，灌水定额应严格按缺水量控制，保持生态系统的稳定条件，不至于出现盐渍化。

对于南水北调中输水区和用水区可能出现的盐渍化，是刘昌明一直十分关心的问题。在他看来，调水的目的之一是农田灌溉，保证必要的灌溉才能保证农作物的生长。如果输水区或用水区出现盐渍化，影响了农作物生长，则与南水北调之初衷相悖。所以，他告诫自己，作为一个研究水文的学者，有责任通过对水文资料的分析，获得准确的数据，提醒人们采取科学的措施，防止土壤盐渍化。

他熟悉禹城实验区及禹城引黄的情况，以此做了认真分析：在引黄干渠两侧，若是一公里范围之内，地下水位在引水的头三年会有一定的提高，之后趋于稳定；若是两公里范围之内，影响逐步减小，而两公里之外则没有影响。就此，他提出自己的观点：南水北调线路长，引水量大，“对地下水和土壤次生盐渍化影响可能比较大，但只要切实应用有关地区行之有效的防止盐碱化的经验和措施，不利后效是可大为减轻的。”

他给出的方法之一就是审时度势，抽采地下水灌溉农田，以降低地下水水位。

在这一阶段，他还与同事分析研究了山东聊城地区的引黄历史，发现这里自 20 世纪 60 年代开始引黄灌溉，持续了很多年，盐碱地面积已由原来的 210 万亩减少到 72 万亩。扩大研究范围，发现其他地区也有类似趋势。因此，他们得出结论：“南水北调过黄河之后，预计输水区两侧和蓄水体周边地区发生盐碱化是可能的。但只要进一步提高排水标准，采取渠灌和井灌相结合的方针，注意培肥地力，加强工程管理，大面积土壤盐碱化是可以防止的。”

在 1979 年至 1985 年那段时间，于南水北调，刘昌明另一显著的贡献，是他与同事们合作创建了“水资源联合利用最优化系统分析模型”。自美国访学回来后，刘昌明多次到南水北调东线考察，在天津、德州、沧州、衡水等地收集资料。他通过大量分析认为，北方缺水，但工农业和人民生活用水却逐年增加，速度惊人，水危机日益严重，调水势在必行，刻不容缓。但是，调水之后，地表水、地下水、北调江水联合利用，水的再分派不容小觑。

刘昌明和同事们给出的谋略是，假定地表水、地下水与北调江水由一个跨流域水资源管理机构统一发号施令，对水资源的使用有至高无上的控制权，那么，诸种水资源和谐利用，科学利用，就能够达到主客水有效利用和控制地下水，防止土壤返盐，保护农田生态环境的目的了。

在阐释这个“模型”中，他们设定了一个用水的原则，即“当地下水埋深在土壤返盐的临界水深以下时，实行地表水、地下水和北调江水的联合利用最优化。当地下水埋深在土壤返盐临界水深之上时，则充分利用当地机电井能力抽取地下水进行井灌，降低地下水位，同时实现满足一定环境要求的地表水、地下水和北调江水的联合利用最优化。”为此，他们分析了德州，主要是禹城县 1976—1980 年的水资源利用情况，同时也分析了南水北调东线一期工程调水至最北端（东平湖）的运行费用，给出了合理征收北调江水使用费的标准，以此发挥经济杠杆作用，促使农民自觉地利用当地水资源。

在南水北调之初，刘昌明的研究成果引起了业内的注意，在水资源的利用和兴利除弊方面有一定帮助。

以往，水资源评价与规划方法涉及工程技术和经济评价的居多，但对跨流域调水工程进行地理系统分析的极少。刘昌明和他的合作者杜伟正是认识到这一点，用地理系统理论对调水所涉地区的地理环境影响进行分析。对一个地区保持良好的环境生态系统而言，水量平衡极为重要，调水的多少必须考虑当地降水、蒸发、地表水与地下水等因素。“调水量，它应为地区的缺水量扣除当地地表径流、地下水的储蓄和提取的利用量”，把握水分适宜度，以改善农业生态条件，提高水量输入区作物的产量，促进工业生产产值和人民生活水平的提高为根本目的。使农业生态环境的最佳与调水工程的环境经济效益最佳联系起来。

根据他们的研究，要科学计算调水总量，必须考虑规划设计的农业灌溉面积、沿线总的工业用水量、调水沿线水量损失总量、调水河段的农业灌溉需水量等因素。要注意的是，干渠沿线各区段的水量分配，不应超过用水区环境最佳所需要的最大的补水量。他们还具体分析，大规模的调水所产生的环境影响南段小于北段，北段产生次生土壤盐渍化的可能性大于南段；北段的调水运行费用大于南段。因此，从环境与经济的角度考虑，在调水量充足的条件下，先满足江苏段，后满足山东段，以减少对自然环境的影响，达到地理系统生态环境最佳目标。

刘昌明他们提出的地理系统分析，对配水方案的制定与工程管理运营，提供了参考，并适用于南水北调的各个阶段。

此间，他还主持编辑了《华北平原水量平衡与南水北调研究文集》。这是中国科学院地理研究所承担“南水北调及其对自然环境的影响”和“华北平原水量平衡”等重点课题研究以来的部分成果汇编。这部文集包括了大气降水、蒸散发、地表径流、土壤水分与地下水、水量平衡综合分析、南水北调综合分析、南水北调对自然环境的影响和南水北调的系统分析等八个方面，有较强的指导性。

声誉日隆

从业足迹在不可争议地告诉人们，他是由自励而自强而自立，每一项荣誉都是不懈努力的所得，沁润着他的心血和汗水。

刘昌明在业内引起更多人的注意，是在20世纪80年代，贡献卓然所致。尤其是那部被业内有的人冠以业内圣经之名的《远距离调水——中国南水北调和国际调水经验》出版之后，名声渐渐远播，在国际水文学界有了一定的知名度。从业足迹在不可争议地告诉人们，他是由自励而自强而自立，每一项荣誉都是不懈努力的所得，沁润着他的心血和汗水。在别人眼里，他似乎是过着苦行僧的生活，夜以继日地工作，不分工作日与节假日地工作，大约除了勘测、调研、开会、交流、读书、写作，几乎没有其他所好，也无暇所好。

是的，他太喜欢学习和工作了，在火车上学习也工作，在汽车上学习也工作，在病房里一边治疗一边学。有人讲道，他在飞机上同样学习或工作，实在累了，却兴奋着，就吃安眠药，安安静静地睡一觉，所以，到了新的地方从来不用倒时差，下了飞机就工作。这一点，随他一起工作的年轻人都自叹不如。

有一次，他和夫人关威去看望一个学生，说好了去后就是闲聊，不准谈工作。可是，聊了没几句，刘昌明就把话题转到了工作上。关威性格直率，见刘昌明不遵守“诺言”就不高兴了，说道：“你答应了，来了不谈工作，你要谈，我就走。”刘昌明大声回道：“我们在商量正事嘛！”于是，关威就不言语了。

回忆起这段往事的人是刘昌明带过的一位博士生，因为爱人出国深造，一个人带孩子，刘昌明和关威才去看望。他对司空见惯的情景有一段评论："我遇到不少次，老师因为忙于学习或工作，要么顾不上处理家务，要么是师母被冷落了，师母便不高兴，由着性子嘟囔几句，二人难免拌嘴。最后都是老师说'我们在做正事'，把师母给说服的。我的印象是，刘老师心中只有工作和学习是正事，这就是老一代知识分子的价值观。"

刘昌明的业绩就是在学习和工作中凸显着。因业绩出类拔萃，1984年，他获得人事部授予的"中青年有突出贡献专家奖"。两年后，晋升为中国科学院地理研究所研究员，并被一些学术委员会、评审委员会、杂志编委会聘请为委员。他还参与到《中国大百科全书》地理学编委会，分管水文地理学的编撰，并担任此卷的主编。1989年，被国务院学位委员会批准为自然地理学博士学位研究生指导老师。

1990年，是刘昌明肩上的担子突然加重的一年。他担任了中国地理学会副理事长、水文专业委员会主任，并被推举为国际水文科学协会中国国家委员会副主席。这是一个非同寻常的职务，逐渐成为他开展国际交流，并带领他人开展国际交流的广阔平台。

国际水文科学协会属于非政府性质的学术组织，隶属国际大地测量和地球物理学联合会，成立于1922年，原名国际科学水文协会，1971年起改为现在的称谓。协会下设地表水、地下水、陆地侵蚀、水质、冰雪、水资源系统和遥感资料传递等委员会。

这个协会把水文学作为地学及水资源学一个方面的研究，涵盖全球陆地水的物理、化学和生物过程；水和气候及其他物理和地理因素的关系；侵蚀泥沙及其和水文循环的关系；水资源的利用和管理中的水文问题，以及人类活动对水文的影响，为水资源优化利用提供科学基础。自1982年起，每4年举行一次国际水文科学大会。我国于1977年正式成为协会的成员国，并于 1981 年成立中国国家委员会。

就在刘昌明担任国际水文科学协会中国国家委员会副主席不久，1990 年 8 月 13 日至 20 日，国际地理联合会区域大会在北京召开。国际地理联合会成立于 1922 年，旨在促进地理学研究，协调国际合作，加强成员国之间的交流，发起组织国际地理大会、区域性会议和与联合会有关的专业学术会议等等。

这次区域性会议，参会人员来自全世界，主要是亚洲太平洋地区的 40 多个国家，有 900 多人。这是中国地理学会受国际地理联合会委托主办的一次盛会，做了充分的准备，其中一项工作就是根据会议的任务分成了 14 个专业组，刘昌明是气候、水文和冰川组的负责人，其研究内容包括全球气候与局地气候、水文过程及应用水文学、冰川与动土。

刘昌明在准备有关文件的时候，有一个想法逐渐清晰起来：向中国地理学会提议，再向大会提交一个议案，倡议建立“区域水文过程对全球增暖响应研究组”。刘昌明之所以决定这样做，是他认为值得建立这样一个工作组。

刘昌明在水文学研究过程中，与研究气候方面的专家多有接触，平时读些这方面的书籍，参加一些有关的活动。他逐渐认识到，气候变化是影响水文循环和水资源不可忽视的因素，因此他也对这方面的研究比较用心。1989 年，他带着研究生傅国斌开始探讨气候对水文的影响，并亲自到海南考察。他们在研究中回顾地球变暖的历史，调查某个区域的降雨情况，同时分析水资源系统对假定的几种气候的影响，从而分析水资源系统对全球增暖的一般规律。他们意识到，如果人类仍以当时的速度排放 CO_2 及其他温室气体，在未来时间里全球将继续增温，但增温的幅度及区域增温的差异存在着不确定性，涉及年径流响应、月径流响应和流域蓄水的响应等多种因素。其结论是：全球范围的缺水越来越触目惊心，必须关注全球变暖状况下的水资源问题；“全球变暖对水资源的影响不仅仅表现在区域水资源数量、时空分布上，而是通过对水资源系统的影响对全球生态、农业、环境乃至社会经济系统产生一系列连锁影响，这是今后分析水资源系统对全球变暖的重要研究内容。”只有注意了这方面的研究，确定保障水资源不受或少受影响的科学措施，才能保证人类的生存和经济的发展。

后来，他们进一步把研究温室效应引起全球增温作为专题来研究，通过严谨的论证和精确的计算结果告诉人们：温室效应导致生态系统、植被、水资源、海平面的变化，从而影响区域植物、群落及生物量的变化；会影响社会经济系统的变化，导致某些商品的生产、世界贸易市场、水资源管理等方面的变化；会引起人类心理、生理及人类社会活动的变化，导致人类迁移、旅游业兴衰、疾病流行等；会影响政策、法令及国家与国家的关系，导致重新立法、国际间的贸易摩擦及国际性河流因用水发生争执。

针对可能出现的情况，他们给出了后来被证明颇有见地的对策。

温室效应在增加，气候在朝着危害人类的方向发展，已经引起人们的注意，但还必须进行更加深入、系统、具体、有针对性的研究，遏制温室效应的恶化。这是刘昌明提出建立区域水文过程对全球增暖响应研究组的初衷。

刘昌明在起草这个有着重要意义的申请时，也考虑到申请被批准的可能性非常大。这种自信来自过去很多专家及他本人的努力。此前，国际交流日益扩大，中国的科技研究成果得以推介，各个领域的专家在国际上有了受人重视的话语权。就刘昌明本人而言，他自 1977 年参与接待美国代表团，到 1978 年访美，再到 1981 年去美国亚利桑那大学访学，与外国水文学研究人士有了较多的接触。尤其是在访学期间，他多次被邀请参加演

050021

河北省石家庄市槐中路东段中国科学院石家庄农业现代化研究所

刘昌明所长：

您6月14日信收到，我十分感谢！

您问我：我的关于第六次产业革命的话能否在您所刊物上转载？当然可以。但请注意：第六次产业革命是件大事，它不但会促进我国奔小康，而且将在21世纪推动我国奔向中等发达国家。

此致

敬礼！

钱学森

1984.6.17

1984 年，钱学森给刘昌明关于能否转载其关于第六次产业革命的话的回信

讲、学术交流，去过美国很多地方，不仅结识了美国一些水文学研究方面的专家，也结识了其他国家的一些专家，使业界的专家对他有了一定的了解，为他日后参与国际间的交流打下了基础。

他访学结束后的 1985 年，就到澳大利亚参加了国际土地利用计划学术研讨会。1987 年 12 月，在北京参加了中美合作研究报告会，研讨地下水模拟模型及同农业生产相结合的水资源利用优化模型。这些交流，加之他平时与其他国家水文学专家紧密联系，有专业论文在影响广泛的国际刊物上发表，使彼此间有了更多的了解。

刘昌明的提议得到了与会者的极大支持。大家不仅认为这个提议具有前瞻性，还认为刘昌明对气候研究有着极大的热情，有利于研究的推进，一致推举他为区域水文过程对全球增暖响应研究组的首任主席。

这一年，刘昌明还受冰岛女王邀请，在那里做了《水资源论》的特约发言。

国内首部水量转换研究专著

"本书是我国第一部专论降水、地表水、土壤水、地下水与生物水之间相互转换的研究成果……对农业合理灌溉与充分利用土壤水等问题具有重要的理论与实践意义。可供水文、水资源、农业、地理等有关方面的科研与教学人员参考。"

水文学家在研究中发现，大气、地表、土壤（植物）与地下岩层间的"四水"，从动态上看它们是不断循环的，即水循环；从数量上看它们保持着某种平衡，即水量平衡。虽然水或可更新，或可再生，但如果污染了，便不可用；超采了，深水难汲；枯竭了，无水可采。三者得不到改变，人类则必然受到惩罚，甚至难逃灭亡。所以，国外自 20 世纪 60 年代就有人开始研究水的循环和水量平衡，我国则略晚一些。在水文学专家们看来，通过对水资源的研究，正确评价水资源，合理使用水资源，关乎着工农业的发展，更关乎着人类的存亡。此非危言耸听。

在水资源评价和水资源开发、利用与管理中，不能信口开河，不能做无稽之谈，这便涉及水量计算这一基本问题。完成水量计算的途径是研究降水、地表水、土壤水、地下水以及生物水形成的机制，以及他们之间的相互关系。水量转换的研究，得到了中国科学院院内基金的支持，从 1985 年到 1988 年，历时三年，刘昌明成为这一项目的牵头人。

这是一次众人参与的协作项目，中国科学院禹城综合试验站是这项研究的重要基地，同时参与研究的还有安徽宿县水利局桃源站、山东省科研单位、中国科学院四湖蒸发站、中国科学院北京大屯农田生态试验站、中国科学院石家庄农业现代化研究所（简称"石家庄农业现代化研究所"或"石家庄所”）栾城农业生态站，以及河南禹县白沙水库排灌站等单位。有些课题的研究区域包括了“北起燕山山脉南麓，西起太行山东麓，东临渤海湾，南至黄河主河道。”从参与的地域之广，可以看出此项研究的重要意义。把此项研究工作指导好，成为刘昌明的职责所在，他要搞好课题的分工，做好人员的调配，把握研究的进度，及时解决研究中遇到的问题。

此前，刘昌明和很多专家已经意识到，华北平原地区地表水与地下水相互转换，对水资源的合理利用及旱涝碱治理起着至关重要的作用。同时，引黄灌溉已经给人们许多启示，对即将实施的南水北调有借鉴意义，所以，他们非常看重禹城这个有低洼地、盐碱地和引黄工程的试验地域，在这里进行当地径流、地下水与区外引水的分析具有天时地利。他们根据对徒骇河所形成的千余条各级支流水系的研究认为，当河水水位高于地下水位时，河川径流可以补给地下水；当河流水位低于地下水位时，部分地下水可以地下径流的形式补给河水。

研究的结果敲响着水危机的警钟。他们在禹城试验区大量采集地表水、雨水和地下水水样，进行同位素分析，发现地下水氚值在浅部变化大，在深部变化比较小，雨水和地表水的氚值也有明显不同；地下水主要是历年降水补给，径流活跃，水体混合，同位素就接近了；分析地下水氚的含量，可以判定出不同深度水的年龄，弄明白哪里是新近的水，哪里是古老的水。这就提醒人们，深埋的地下水储存年代久远，非不得已不能开采，不然，水量减少，难以补充，水位越来越往下，人类的生存就岌岌可危了。

刘昌明他们在研究中还注意到，合理地利用地下水和地表水，是人类活动的一部分，所以有的专家就提醒政府：科学利用水资源，涉及社会、经济、政治、体制、文化教育等诸多方面，必须加强人为的控制，从水的管理体制、组织、政策、水利工程建设等方面去考量。

有的专家认识到降水是水量交换计算中十分重要的一项，研究流域降水和径流过程，计算入渗的水量，并从多地域、多季节、多方面，多手段去探讨计算的精确度；有的专家从水面蒸发入手研究水循环，探讨水面蒸发的时空规律，发现边缘山脉、海洋、河流、洼淀等环境影响导致水面蒸发的差异；有的专家则研究土壤水分的空间分布，在不同的地域选择不同的土壤进行实验，弄清楚因为土壤结构不同而含水量存在的差异，以及受气候影响而发生的变化；有的专家研究农田的水分蒸散，探明农田蒸散量与农田水分的关系，探明不同种植地的土壤水分动态，以及作物蒸腾对土壤水的消耗；有的专家则研究植物根系吸水模式、植物冠层吸收阳光并蒸发水分的过程、不同种植地块土壤含水量的动态变化，计算土壤蒸发和植物叶面蒸腾的水分量，研究何时应该多灌溉，何时可以少灌溉，给植物灌溉以实际指导；有的专家则侧重地下水的研究，分析不同地区地下水的均衡，分析土壤水分含量不同对降雨时入渗水量的影响，以及如何补给地下水……不管哪一种研究，都是基于对前人经验的借鉴，对自身实验结果的梳理和种种方法的计算，试验和计算贯穿于每一个课题中。

刘昌明个人的研究，虽然同样从计算入手，却从宏观着眼，阐释水量转换的若干问题，重点是水量交换的周期性、水量转化系统。他还对“土壤的水资源”进行评价，不光从土壤水的储量、土壤水与植物的生长、土壤水与地表水及地下水等方面来论证水资源，还对水资源的计算进行评价，对土壤水的调控提出了自己的见解。在《土壤水的资源评价》中，他毫不掩饰自己的观点，分明是有一种针对性地说道：“有一部分人认为，土壤水是一种过程状态的水分，在自然条件下最终散失于天然消耗，不能与集中分布（积聚）的地表水与地下水相提并论。往往不采用‘土壤水’这一名词。尽管如此，土壤水对农作物和植物的重要意义是无人怀疑的。”

他进一步讲，根据在华北平原的调查与测定，土壤可保持稳定储水量（田间持水量），其能力是相当可观的。他利用在禹城站、中国科学院石家庄农业现代化所栾城生态站等地获得的试验数据计算，更加自信地讲道：“从水量转化系统结构的角度分析，土壤水是作为重要的媒介或纽带而占据着自己的席位。从现代水文学系统分析中，不论是四水转换系统或是土壤—植物—大气连续系统，都无不把土壤水作为一个基本的环节。人们经常进行土壤水调控，也是把土壤水当做一种水资源看待的。因此，土壤水是不是一种水资源，在看法的分歧应当统一了。”

那几年中，刘昌明不光对水量转化项目给予指导，自己在课题研究方面也是呕心沥血，所以，在独自探索的同时，也与他人合作，对水量转化项目中的其他课题进行了研究。

由于我国对水量转化的试验与计算分析起步较晚，这次立项研究的意义非同寻常，获得的成果对今后的持续研究奠定了基础，能起到示范和推动作用，所以，刘昌明提议将研究成果择优编辑成书。他的想法得到了领导的支持，与水文专家任鸿遵先生编著了《水量转化——实验与计算分析》一书。该书的内容简介中讲道：“本书是我国第一部专论降水、地表水、土壤水、地下水与生物水之间相互转换的研究成果……对农业合理灌溉与充分利用土壤水等问题具有重要的理论与实践意义。可供水文、水资源、农业、地理等有关方面的科研与教学人员参考。”

这本书能称为“第一部”，其将要产生的影响也就不言而喻了。

科学技术进步奖

二等奖

授奖项目：四水转化与农业水文的研究

完成单位：地理研究所

中国科学院

1992年10月26日

1992 年，获中国科学院科学技术进步奖二等奖

在黄淮海平原治理中

“研究水量平衡，揭示农田用水的要求，对整个黄淮海平原的水资源问题有重要意义。”

在我国，由长城而南至豫鄂皖边境的桐柏山、大别山北麓；由渤海和黄海而西至太行山和豫西伏牛山，被黄河、淮河与海河及其支流冲积而成的广袤平原称为黄淮海平原，俗称之为华北平原，囊括了北京、天津、山东、河北、河南、江苏、安徽等地的全部、大部或一部，面积近47万平方公里。20世纪80年代，我国科技权威部门对黄淮海平原的评价喜忧参半：这是我国最大的平原，耕地面积和农业人口各占全国的六分之一。地处我国的中原，交通方便，光热资源充足，是我国粮、棉、大豆、花生、烤烟、果树等的重要产区，又是煤、石油等能源产区，在我国经济建设上占有重要的地位。但由于存在旱涝盐碱瘦、农业结构不合理、生态系统脆弱等不利条件，大部分土地仍处在中低产状态。

为改变落后面貌，国务院要求全国科学技术部门、研究机构和科技人员组织起来，加强协作，科技攻关。国家科委将黄淮海平原中低产地区综合治理、综合发展列为国家重点攻关项目。自1983年开始，科技界迅速行动起来，中国科学院承担了“黄淮海平原中低产地区综合治理和综合发展研究”的“六五”科技攻关项目。一时间，地理研究所、遥感所、植物所、南京土壤所等20多个中科院所属研究机构，30多个专业的300多位科研人员行动起来，中国科学院两任副院长叶笃正和李振声亲自挂帅统领，刘昌明参与其中。

他亲自参与的课题之一是关于黄淮海平原农田的水量平衡。他们从以往接触到的资料所知，那个时代，黄淮海平原的农业用水已经占到用水总量的 89%，灌溉率达到 60%。黄河以北灌溉用水量已经超出地区年平均水资源总量，寅吃卯粮，入不敷出，缺水情况非常严重。黄河以南虽然地区年平均水资源总量大于灌溉用水量，但春旱频发，影响适时播种，农田用水问题同样不无揪心。因此，他们认为“研究水量平衡，揭示农田用水的要求，对整个黄淮海平原的水资源问题有重要意义。”

他们在调研中分析了黄淮海平原水量的基本特征：大旱之年，蒸发量大，旱情加剧，多雨的年份，洪灾概率高；黄河以北，越往北越明显，蒸发量大，地表径流甚小，而黄河以南则相反；黄淮海平原冲积层、洪积层厚，且地势多平缓，利于降水下渗和存储；土壤水分丰富，成为作物生长的主要水源。在此基础上，他们计算出了农田水量的收入与支出变化，并指出了有效降雨量、农作物对地下水的利用量、农田蒸散发量是农田水量平衡的主要因素，对小麦、玉米、棉花等作物的耗水量也给出了精确的数值，可供农田时段与全生育期的水量平衡分析参考，也可供农田水量供需预测，颇有使用价值。

在进行黄淮海农田水量平衡计算的同时，刘昌明与合作者针对黄淮海平原一方面水资源数量不充足，一方面水资源分配不均匀的问题，也进行着农业供水方面的研究。他们通过数据分析农业灌溉水量的供需现状，并根据河北沧州、山东德州地区，尤其是禹城县有关粮食产量与灌溉率的资料，指出粮食丰收对灌溉的依赖性，同时也指出了浅层地下水利用的利弊、调控，强调充分而合理地利用水资源，加强灌溉的科学管理，发展节水灌溉技术，做到节流与开源并重。这些，都有很强的针对性和指导意义。

在多年的水文研究中，刘昌明深知，自然灾害是影响农业发展的重要因素，决不可掉以轻心。所以，在研究黄淮海平原的治理与发展中，他注意了水量平衡与水旱灾害趋势的预测。他与合作者在江苏、山东、河北一些县通过实地勘察，并查阅了 250 多个县，二三十年间的水文资料，分析认为：降水、径流、蒸发及流域蓄水变量之间存在着有机联系。黄淮海平原大面积种植农作物，蒸发力旺盛，为保证农作物生长不得不多灌溉，水的消耗增加。

从气候条件看，黄淮海平原受季风影响，降水多集中于夏秋，易出现暴雨，导致涝灾。冬春降雨少，则容易出现旱灾，春旱秋涝的双重灾害时来袭扰。他们经过精确地计算、制图发现了一个规律：黄淮海平原地区水灾成灾面积随纬度增高而降低，旱灾成灾面积随纬度增高而加大，这种现象与地表径流由南而北递减的规律相一致。

他们的分析给当地制定抗旱排涝规划提供了依据，实践证明其有着重要意义。

在这段时间，刘昌明参与编写了《黄淮海平原治理与开发研究报告集》一书。这本书有 37 万字，收集了 20 多篇高质量的研究文章，不仅划定了黄淮海平原的范围，还划分了地貌区、土地类型，分析了耕地状态、大气降水、地表和地下水资源特点和利用方法，以及水分在植物内的运动状态。同时，介绍了主要农作物的光能利用率和本地区光能潜力的计算方法，讨论了黄河三角洲的发展及黄河下游的泥沙问题，并对本区若干农业气候问题和农业供水问题提出了看法。业内人士评价说，这是一本全面阐述黄淮海平原自然条件的著作，可供经济、计划工作者，从事农业、水利、水文、气象、地理工作者，以及国土整治工作者参考，其重要价值可见一斑。

由于在黄淮海平原农业开发中的突出贡献，刘昌明受到中国科学院的表彰。

无愧“方略”之作

刘昌明他们的研究，对我国解决水资源问题起到了“方略”作用，对国家水利部门制定水资源政策，解决水资源问题，建设水资源调配工程同样起到了“方略”作用。

1992年6月，在巴西里约热内卢召开联合国环境与发展大会，通过了一系列文件，其中之一是《二十一世纪议程》。这份厚达800页的文件，包括了世界范围的可持续发展总体战略、社会可持续发展、经济可持续发展、资源的合理利用与环境保护等内容，被称为世界范围内可持续发展行动计划。

两年后，我国成立了中国21世纪议程管理中心，随之，出台了《中国二十一世纪议程》。其内容包括可持续发展总体战略与政策，提出了中国可持续发展的战略目标、战略重点和重大行动；社会可持续发展，涉及人口、居民消费与社会服务、消除贫困、卫生与健康、人类住区和防灾减灾等；经济可持续发展，把促进经济快速增长作为消除贫困、提高人民生活水平、增强综合国力的首要条件；资源的合理利用与环境保护，包括水、土等自然资源保护与可持续利用等。

其实，我国在联合国《二十一世纪议程》颁布的当年就行动起来，中国科学院参与了《中国二十一世纪议程》的制定，中国科学院水问题研究中心各成员单位的科技人员参加了起草和论证有关我国水资源持续开发利用的问题。刚刚担任中国科学院水问题联合研究中心主任的刘昌明立即协调中国科学院地理研究所、自然资源综合考察委员会、生态与环境科学中心、科技政策与管理科学研究所、石家庄农业现代化研究所、兰州冰川冻土研究所、应用数学研究所的科技人员，开始了“中国水资源开发利用在国土整治中的地位与作用”的研究工作。

刘昌明之所以受命担此重任，与他此前多年在“水”研究方面的远见卓识有关，也与1991年3月成立的中国科学院水问题联合研究中心有关。这个由刘昌明任主任的中心，人才济济，成员来自30多个与水有关的研究所、野外观测实验站，其中，涉及大气、水文、土壤、地下水和水资源研究单位，也涉及湖泊、冰川、冻土、沼泽研究单位，还涉及农作物耐旱品种、植物水分生理、水动力学、水生物、水土保持、水质、水环境、沙漠和山地研究单位，以及以化学物理、化学、遥感、数学、系统学等技术手段进行水问题研究的单位。如此庞大的队伍，为水问题的研究聚集了精兵强将。

刘昌明指导参与者把“中国水资源开发利用在国土整治中的地位与作用”研究，与中国科学院水问题联合研究中心正常的研究工作紧密结合起来，彼此借鉴，相得益彰。自中国科学院水问题联合研究中心成立之日起，他们就在研究区域水资源及其合理作用，通过对缺水、干旱、灌溉等问题的考察分析，寻找科学可行的对策；研究流域治理及水资源的开发，探讨黄淮海平原农业的持续发展与水的关系，以及黄河流域、三江平原、塔里木盆地的水资源开发利用；研究水资源保护与治理，把海水入侵、化学物质沉淀渗透、水库周边植被分布等作为对象，分析环境对水资源的影响。同时，还对雨水资源的利用、生态水文等进行了研究。这些研究，有的与“中国水资源开发利用在国土整治中的地位与作用”研究方向完全一致，或十分相似，对完成所承担的任务大有裨益。不断成熟的研究成果，由刘昌明、何希吾、任鸿遵担任主编，于1996年1月结集出版，名为《中国水问题研究》。

自1992年至1995年，“中国水资源开发利用在国土整治中的地位与作用”的研究成果有三本书问世，刘昌明组织研究的课题论文，由他和何希吾先生编写为《中国二十一世纪水问题方略》。他们从不同的方面，对中国的水问题进行研究，提出了自己的观点和对策，无愧一部极有分量的“方略”之作。

阅读过这部书的人了解到，他们把水定位为“21世纪中国社会经济持续发展的重要因素”，认为人类社会的发展史，就是对水的认识和利用斗争的历史，缺水问题已经成为许多国家或地区面临的严重问题，成为与人口、环境、能源并列的四大危机之一。我国人口众多，水的占有量却很低，在960万平方公里的土地上分布极不均匀，水资源是我国十分珍贵的资源，对农业、工业、城市的发展举足轻重，对生态、环境的优劣也有很大影响。研究者实事求是地告诉人们：在21世纪，我国水资源供求矛盾进一步加剧，局部水环境将进一步恶化，必须注意兴建水库、拦蓄径流而进行跨流域引水，同时搞好水资源管理和节水。这是高瞻远瞩，带有战略性的评估。

他们在研究中注意了工业城市用水问题，对北方的一些城市，尤其以京津唐、胶东半岛、大连、长春、西安、太原等城市为研究对象，指出北方城市缺水的严重，其城市发展的需水量已经超过了当地水资源的承受能力。一方面严重缺水，另一方面却没有被人们认识到严重性，临深渊而不勒马。其表现有种种：城市和工业水源地建设难度大而不警醒、废水处理能力低而污染惊人、出现地下水漏斗和地面下沉却熟视无睹、用水浪费问题令人扼腕叹息。对此，他们给出了完善强化城市水资源管理、搞好供排水、重视水资源保护和污水再生、调整产业结构等一系列对策。

他们也研究到农业用水，分析我国在新中国成立以来的农业灌溉情况，分析进入20世纪90年代的农业灌溉用水量和定额，分析靠地下水灌溉的区域用水量，以及各种灌溉方式的用水效率，从而指出水资源浪费、地下水超采、灌溉工程老化导致灌溉面积下降等问题。同样，也给出了21世纪农业用水的战略对策。

字里行间，能使人感到刘昌明等研究者心中五味杂陈，忧心忡忡，不得不大声呼吁：千方百计把水资源维护好，利用好！

在这部书里，他们还研究了开源节流、我国需水量长期增长趋势、水资源质量与保护、水旱灾害的趋势与防治对策等问题。

在那几年里，刘昌明要负责石家庄农业现代化研究所的事务性工作和科研工作，还担负着农业用水和城市用水动态方面的研究，担负着南水北调与华北平原农业发展方面的研究，可谓忙忙碌碌，紧紧张张。他的很多工作都是在夜半时刻完成，甚至通宵达旦。

石家庄农业现代化研究所的门卫只要知道刘昌明在所里，晚上从不早睡，就等着他离开办公楼后好锁门。这一点，也让刘昌明感到心中不安，常常向门卫说些感谢的话，并提醒门卫早点休息，到时候自己会去叫醒他。有几次，不知不觉间已经工作到了后半夜，刘昌明不忍心打扰门卫，就在办公室里睡下。门卫知道后，反倒觉得不好意思了。刘昌明则笑道：“我习惯在晚上工作，你该睡就睡，不要因为我而熬夜，时间长了影响身体。”

几十年之后，门卫回忆往事还啧啧称道：“刘所长，一工作起来就忘了黑夜白天。”

这是很多人对刘昌明的印象。

关威感受得更具体，抱怨不是，不抱怨心里难免不舒服。偶尔她从北京去石家庄看望刘昌明，他在晚饭后照老习惯去办公室做事，做着做着就忘了关威在，直到突然想起来，已经是后半夜了，回到居室，关威已经睡下。第二天，只好赔个笑脸道歉。关威比别人更知道他对工作的沉迷，当然不多计较，午饭后就早早返回北京，不再打扰他，好让他安心去做自己喜欢的事情。

“那些年，他一直做项目，一个接着一个，有时一并指导着做几个。所里的事情又多，他根本不顾家。”关威提起往事，情绪似不平静，“在石家庄当所长那十来年，他没有因为家事单独回过一次北京。我知道他的脾气，很多家里的事情只要我能处理，也不跟他说。”

虽然那般繁忙，刘昌明在指导做好项目推进的同时，也亲自选了课题，所研究的是水资源调配的内容。他在论文的题目中使用了“资源调配”和“战略决策”两个概念，并用“重大”修饰“战略决策”，成为《水资源调配的重大战略决策》，可见他的自信和对研究的宏观把握。

他把水资源的调配定义为“水资源的人工再分配，以满足或适应人类对水资源的需求。”通过回忆我国古代对水的再分配，也回忆新中国成立之后对水的再分配，主要是豫、鲁两省的引黄工程，以及引滦入津、引碧（碧流河）入连（大连）、引大（大通河）入秦（秦王川）等，以证明水的再分配对工农业的积极影响，强调科学分配之必要。

接着他通过数字分析了水资源的总量、工农业用水量，以及工业的迅猛发展导致缺水城市的增加，不仅在华北、东北、西北、西南，东南沿海城市也出现了缺水。由于严重缺水，给工业生产和人民生活都带来巨大影响。这种缺水问题将要在 21 世纪的存续，证明着水资源调配在国土整治中的重要性和必要性。

他给出的水资源调配策略源于实际，放在了我国经济发展的大背景下，强调要“适应人口与工矿资源分布、城乡经济建设与经济发展和社会发展规划、国土整治、生产力布局等需要。”当时，我国在经济建设方面已经考虑以东部沿海和长江、黄河为轴线，建设沿海沿江沿河与沿铁路干线的经济地带，形成东、中、西三大区域的国土经济发展布局。所以，刘昌明考虑的水资源分配就是建立在此基础之上，将其视为“制定调水工程方案的基本依据。”并且，不能忽视自然条件、资源、环境、生态诸因素。

他认为，水的调配标准应该具有双重性，既要针对水资源分布与分配的不平衡性，又要针对社会、经济发展的不均衡性。这是宏观的考虑。至于微观，则要考虑缺水的性质和调水工程的类型。从缺水的性质，要弄清楚是水资源不足的问题，还是水利工程不够的问题，抑或因为污染而人为造成缺水的问题。在此基础上，确定调水工程，或为解决农业灌溉、城镇与工矿用水、航运、发电、旅游等，其单一的“目的性”很强；或为多目标的，根据调水量分为大型工程或小型工程，根据调水距离远近分为局地性工程或跨流域工程，根据调水方式分为自流引水、抽提引水，或二者兼有引水等。

在近两万字的论文中，刘昌明还研究了我国21世纪的主要调水工程，指出其推进必须依据科学的决策，弄清楚缺水的原因、缺水的性质和缺水的程度；论证要严谨，目标要清楚，为避免出现工程的实施结果与预定目标不一致，必须从多种工程方案中优选、实施方案的投入要经济合理、以正效益最大而负效益最小；要让用水户参与决策，对工程承担一定责任，发挥好监督作用，使决策更加民主化。

讲过这些,刘昌明言犹未尽,还对我国的南水北调工程给出了若干建议。

刘昌明他们的研究，对我国解决水资源问题起到了“方略”作用，对国家水利部门制定水资源政策，解决水资源问题，建设水资源调配工程同样起到了“方略”作用。水利部领导看到这本书，在很多场合称赞其“方略”之重要、可行。因此，部里的领导每人都买来这本书阅读参考。全国各地与水有关的部门和科技人员十分看重这本书，购买者众，竟然断供。所以，这本书1998年由科学出版社出版，到2001年又加印了两次。

刘昌明所负责的中国科学院水问题联合研究中心对水问题的研究令人瞩目，引起了高层领导的重视，所以，在 1997 年至 1998 年间，刘昌明参加了中国科学院国家咨询项目“中国水问题出路”，并担任了咨询报告的主笔。不久，还负责了中国科学院重大项目“华北地区水资源变化及调配的研究”、中国科学院国家咨询项目“黄河断流对策”，主笔地理学部“关于缓和黄河断流的建议”。接着，参与了科技部软科学重点项目“缓解黄河断流和海河平原地下水下降的节水对策”和国家重大咨询项目“中国可持续发展水资源战略”。

在这个阶段，他依然关心着 21 世纪的水问题，其研究成果体现在《中国 21 世纪水供需分析：生态水利研究》中。他从宏观层面看到，“面对 21 世纪我国的资源、环境问题，尤以水最为严重。水少与水浪费并存，水多与生态失衡并存，水脏与水管理不善并存。”这种描述非常符合那个阶段的水文现状。所以，提醒人们认识到“作为生态和环境要素的水，其利用是水资源正面效益，其过剩和不足的变化引起水旱灾害是负面效益，其质量演变造成的污染是环境的负面效益。”必须提升正面效益，降低负面效益。

他通过一系列计算和分析认为，生态水利必须保持四大平衡，即，地表能量的收支平衡，也就是水热（能）平衡，保证不旱也不涝；要做到水盐的平衡，缓和盐渍化过程的加剧，维持生态平衡，应保持足够的水量输送盐分入海；要保证水沙的平衡，河道、水渠的泥沙不能因为水流速度减缓而淤积，影响到农田或出现悬河的危险，通过保持一定的水量、流速来保证水沙平衡；区域水量平衡与供需平衡，注意区域水的供应量，并注意农业和工业用水的需求，从供需两个方面去考虑。在给出具体策略的同时，他进一步强调：“真正把节水作为革命性措施，大力提倡高效用水，就经济用水，水需求的管理必将是实现需水量零增长的主要途径。”

他的研究在深入，认识也在提升。

这期间，他担任了国际地圈生物圈计划启动的水文循环的生物圈方面计划（IGBP-BAHC）的中国国家工作委员会主席，任期自1997年至2000年。

由于在水文学的研究领域逐步深入、拓展，与许多年轻研究人员打交道，了解了他们的知识储存与受教育经历；同时由于担任了加拿大麦克马斯特（McMaster）大学的客座教授和日本千叶大学遥感研究中心的客座教授，与教师和学子的接触多了，刘昌明越来越感到了大量培养水文学人才的重要性，所以，他和其他专家共同呼吁，在北京师范大学建立资源与环境学院。1997年2月，北京师范大学资源与环境学院成立，他担任第一任院长。

由于刘昌明在水文研究方面的贡献卓著，他成为了国家水文水资源建设规划制定方面的建言者。有一个时期，钱正英担任水利部部长，经常与刘昌明一起外出考察，并在很多有关水利建设方面征求他的意见，所以，二人在工作上虽然是上下级关系，却成了好朋友，钱正英不止一次到他家慰问、看望。

也正是因为刘昌明在水文方面的远见卓识，他成为了国家决策部门经常邀请的专家，并有幸当面向中央领导献计献策。几十年间，他与有关专家、学生共同完成了“中国水问题出路”“黄河断流对策”“长江洪水与抗洪对策”“中国可持续发展水资源战略”“西北地区水资源配置生态环境建设与可持续发展”“东北地区有关水资源配置、生态与环境保护和可持续发展的若干战略问题研究”“中国饮水安全与农业水资源战略”“苏北沿海地区产业综合开发战略”“新疆地下水地表水联合开发利用建议”“我国北方重点地区水资源承载力与节水型社会建设”“中国水安全保障的战略与对策”等几十个国家或地区重大水文项目的咨询。

如今，已经年近 90 岁高龄，刘昌明仍在积极地参与某些项目的咨询，远到内蒙古、陕西、贵州等地也不辞劳苦。

让试验成为主导

“刘先生跟我们一样，穿着跨栏背心，挽着裤腿，衣服也是脏的。人也晒黑了，手也粗糙得很，根本看不出是个教授，是个专家。”

1992年5月，刘昌明被任命为中国科学院石家庄农业现代化研究所（简称“石家庄所”所长。这个所分管太行山、栾城、南皮三个试验站。

到任后不久，刘昌明到各站看过，尤其是在栾城站看过之后，心中颇不是滋味儿，一连几天都高兴不起来，夜里难以入眠。虽然他以前对栾城站有所了解，知道科研进行得难尽人意，但没有想到会是那么一种令人痛心的状态。站内的三排平房，已经有些年头了，因为疏于维修，略显破败。试验室几乎没有人进入，尘土满目。住宿条件一般，平房内没有厕所，人们方便要去室外的公厕，风雨天极是不便。因为没有像样的办公场所和宿舍，来站上工作的人员，居住在石家庄市内，周一的时候用班车送来，周六再接走。

因为科研项目少，经费便少，加之受那个时期各机关经商风气的影响，站里为了维持生计，不得不走经营之路，或出租场地，或自己人经营，先后办起了一些小工厂，有生产钉子的，有生产化肥的，有生产太阳能的，还有生产羽毛工艺品的。田间，基本上没有了试验，大面积种蔬菜，种西瓜，还养牛。

刘昌明与所里其他领导商议，下决心关停了所有的小工厂，收回了农民租种的土地，跑来资金、项目，让栾城站回归试验基地职能。为了给技术人员创造良好的工作和生活环境，建起了新的办公楼和实验楼，工作、住宿、吃饭、娱乐，无不方便。

刘昌明在任所长之前，一直与他人，也包括外籍人士一起进行着一项研究，关系到农业用水。他们对中国北方和以色列的区域水资源合理开发利用、作物的适水种植、农业灌溉系统化等方面做了深入探讨。根据他们的研究成果，出版了《农业用水有效性研究》一书。这对刘昌明来说，在水文学研究方面拓展了更宽的领域，也逐步确立着在业内的权威地位，所以，便有科研项目接踵而来。

到任不久，他带去了一个由他负责的科研项目，即“典型农田 SPAC 系统水分运行、转化规律及调节试验”。这个项目获得了国家“重大项目课题”基金，解决了研究人员经费不足的问题，

刘昌明先是指导站上的技术人员建了开展试验的水分池和养分池。那是 16 个 5 米宽 10 米长的池子。有的池子，按种庄稼的常规，定量给庄稼灌溉，在一定的时间里，看水蒸发了多少，下渗了多少，庄稼利用了多少。有的池子则一直不浇水，庄稼全凭雨水生长，也就是“靠天吃饭”，目的是弄清楚雨水对庄稼生长的作用有多大。一些池子则是观测庄稼吸收养分的情况，分析养分的变化。

接着，搞了大型蒸渗仪。那是一个有两三间房子大小的地方，五六米深，里边安了称重的大泵，其上有一个方形的大池子，里边填满了土，与地面相平，种上庄稼。若是下雨，池子里进了水，土壤的重量就增加了。雨停之后，日复一日，土壤中的水减少了，变轻了，就可以测量渗了多少雨水，蒸发掉了多少，被庄稼吸收了多少。同时，还配备了小型棵间蒸发器。后来，还建了遥感装置。

类似的项目，在栾城站、南皮站和协同研究的山东禹城站同时展开，主要是测定冬小麦、夏玉米蒸散发，分析典型农田的水、热、CO_2 通量与灌溉农作物水分利用情况，揭示土壤水、地下水、土面蒸发、植物根系吸

收水分、作物冠层辐射平衡的关系。这类试验，都属于基础试验。从那时候到现在，虽然试验设备有改进，试验手段有更新，但试验的主要内容一如既往。那时候，为了把试验扎扎实实地搞好，刘昌明经常讲基础试验的重要性，涉及数据的真实性，不能马虎，不能弄虚作假，有什么数据一定要真实记录，哪怕是几次试验获得的数据不一致也要记录。

刘昌明身为所长，下边有站长，有技术负责人，他不需要事必躬亲，但因为多年从事试验，对试验情有独钟，同时也考虑到栾城站已经有几年没有进行基础性研究了，科技人员多为“新手”，所以，在需要试验的某一个阶段，刘昌明就住在站上。

时过境迁，却记忆犹新，那些被长期雇来帮忙的农民工谈到刘昌明无不流露出敬佩之情。他们谈道，在科技人员和协助科技人员做试验的农民工眼里，他没有一点架子。他曾经和大家一起做日观测试验，也就是看植物在一天之内，不同的时间段，土壤的蒸发情况、植物叶面的蒸发情况、二氧化碳的浓度等，找出促进或抑制庄稼生长的因素。

开始的时候，有的工人不知道怎么做试验，他就依据每个步骤，拿着仪器一一演示。

日观测试验，多是在炎热的季节，天气晴好的日子，往往要连续做3到5天的时间。小麦、玉米或其他作物，都要做试验。

在做试验的日子里，早上6点钟，刘昌明就与大家一起到田间去了，每隔两个小时做一次测试，中午也不能休息，草草吃点饭就去了田间。早上，露水会打湿了衣服，鞋上裤子上满是泥土。若是在没有浇过水的地里做试验还好些，蒸腾的水汽少。若是在灌溉不久的地里做试验，太阳高照，微风不起，庄稼地里如蒸笼一般，每一个人都大汗淋淋。倘是蚜虫生长的季节，每个人的衣服都会油腻乎乎的，那是蚜虫或蚜虫的屎，看着令人作呕。

1993 年 10 月，刘昌明（左前）陪同黄秉维先生（中）在中科院栾城生态农业试验站考察。右前为原中科院石家庄农业现代化研究所副所长由懋正

1995 年，刘昌明（左三）与傅抱璞（左二）等水科学家到南四湖参观 100 平方米蒸发池

1997 年 4 月，中国科学院副院长孙鸿烈考察栾城站，刘昌明讲解降雨观测的风速订正观测试验

2006 年 5 月 9 日，北师大水科院部分教师在保定易县水土保持站调研

试验间隙，刘昌明与大家坐在凉风习习的大树下休息一会儿，聊聊家常，视为难得的舒坦。至今那些农民工讲到当时的情景还笑语连连：“刘先生跟我们一样，穿着跨栏背心，挽着裤腿，衣服也是脏的。人也晒黑了，手也粗糙得很，根本看不出是个教授，是个专家。”

不光白天做试验，晚上也要做，经常在晚上 10 点之后才结束。刘昌明坚持与大家一起做，直到别人休息了，他才读书、写文章，直到深夜。看到他那般辛劳，人们不免劝他休息，不必每天亲临田间，他则说：“我又不是总来，累不着。再说了，亲自参与试验，得到的感性认识多，梳理试验结果的时候仿佛身临其境，对梳理的科学性有帮助。”

不过，大家还是不愿意让刘昌明那么辛苦，他毕竟是花甲之人了，哪能跟年轻人一般。所以，在天热的时候，大家就故意让他去买点儿冰棍儿，或是去打水，好让他略略休息一会儿。他深知大家的体贴，不无感动，有时候就笑着拒绝，依然同大家一起做着试验。这种不辞辛劳的行动，对其他科技人员起着引导作用，大家也都不惧炎热，不顾疲劳，用心做好每一步试验。

那时候的仪器落后，不是自动化，要靠人操作。测地表的温度、辐射，有时候只得蹲着或趴到地上。科技人员、工人们蹲着或趴着，刘昌明要亲自看一看，也会去蹲着或趴着。

不光仪器、设备落后，遮蔽设施也简陋，有的不过是搭个棚子，或是用塑料桶扣上。遇上下大雨的时候，只要刘昌明在站上，他就会披上雨衣，赶到田间，看看仪器、设备有没有遮盖好。按说，这是技术人员或工人的职责范围，但他总有几分惦记，因为，即便是落后的设备，在那个时候也被视为“宝贝”，是花了国家的钱买来或修建的，他不忍心有丝毫损失。

若是雨天有他的学生或别人的学生在做试验，他就更操心了，必定会到现场去指导，去嘱咐："你们一定要注意安全，万万不可出事故！"

狂风暴雨中，学生们看到一位长者来关心他们，感动之情难以言表，总会表示一定多加小心，请刘昌明尽快回去。

由于刘昌明的引导，试验持续展开，各种试验在中国科学院石家庄农业现代化研究所下属的三个站陆续进行，科学研究蔚成风气，成果逐渐。

"典型农田 SPAC 系统水分运行、转化规律及调节试验"取得了预期的成果，刘昌明和他的学生毛学森、张喜英、胡春胜等人发表的一系列论文，如《华北低平原小麦 - 玉米周年耗水规律研究》《旱地小麦限制因子研究》《不同供水条件对冬小麦根系生长、土壤水分利用和产量的影响》《大型渗蒸仪与小型棵间蒸发器结合测定冬小麦蒸散的研究》在业内引起关注，也为农作物的种植和管理提供了帮助。

在栾城站恢复科技试验的那几年，刘昌明因为经常到站上去，结交了几位农民工朋友，这对他们开展技术研究很有帮助。因为，有多项技术，是前来实习的学生所做，由技术人员指导，农民工辅助。年复一年，技术人员来来去去，或升迁，或调走，学生换了一茬又一茬，有的农民工却一直在那里工作了十几年或几十年，重复着某一项试验，技术的掌握已是十分熟练，且经验丰富，对指导实习的学生不亚于科技人员。在刘昌明眼里，他们就是实习学生的老师，其工作态度直接影响着学生的收获。

刘昌明将他们视为朋友，交谈推心置腹，友谊日渐加深，偶尔会在一起小酌几杯。即便是刘昌明后来去栾城站的时间少了，只要去了，见到农民工，总要去看看他们。有时候他乘车去，看到农民工在田间，若是认识的，一定停下车，老远便打招呼。然后凑在一起，拉拉家常，问问试验，偶尔还拍张合影作纪念。若有宽裕的时间，一定约上几个熟悉的工人在一起吃顿饭。

多少年之后，那些农民工谈到刘昌明在栾城站的情况还如数家珍，激动不已，反复说："人家，行！没有架子，平易近人，跟我们什么话都说。对我们客气，对他的学生也从不发脾气，可有耐性了。"

2008 年 5 月 17 日，刘昌明（右二）在栾城站小麦试验田考察[马七军（左一）、胡春胜（左二）、张喜英（右一）]

2009 年 4 月 10 日，北京师范大学水科学研究院教学科研基地揭牌仪式在中国科学院栾城农业生态系统试验站举行（从左至右：徐宗学、刘昌明、许新宜、马七军、胡春胜）

2009 年 11 月，刘昌明（前排左四）参加中科院建院 60 周年展

2010 年 5 月 5 日，刘昌明（左四）在丹江口，参加院士咨询项目野外考察。薛禹群（右五）、林学钰（右六）、王颖（左三）等参加

2012 年 4 月 17 日，刘昌明与多位院士、专家考察向家坝水电站

2012 年 5 月 5 日，孙鸿烈院士和刘昌明院士参观千烟洲杉木林施肥试验样地

2012 年 5 月 7 日，刘昌明院士（左四）与地理资源所葛全胜所长（左二）在禹城试验站指导工作

2013 年 12 月 27 日，刘昌明引导部分专家学者参观地理资源所地表径流实验室

2016 年 10 月 13 日，在兰州白银市考察水土流失情况。［刘纪远（左二）、刘昌明（左三）、孙鸿烈（左四）、秦大河（左五）、崔鹏（右一）］

引导国际合作

“我们必须有勇气承认差距，通过虚心地，老老实实地学习来缩小差距。”

为了开展农业生态和农业生态系统研究，1981 年，中国科学院创建了北京（大屯）农业生态系统试验站，以华北平原为主要研究目标。此后，由地理研究所负责支持的，在栾城县良种场进行的试验观测和预研究逐渐转入北京（大屯）试验站的试验地，历时十年之久。亚运会筹备阶段，场馆建设影响到试验地，中国科学院决定北京（大屯）站与栾城站建立联合试验站，由刘昌明兼任站长。此时，已经是 1994 年的 1 月。

刘昌明到石家庄农业现代化研究所之后，看到所属的三个站研究氛围不浓、经费不足的状况，曾考虑与国外同行合作，并做了一些沟通。担任联合试验站站长之后，面对加重的科研任务和陈旧的试验设备，他对此考虑得更多了。后来的一个机缘，促使刘昌明加快了与国外同行合作的步伐。

1996 年秋天，在一个下雨的日子里，已经年过八旬的黄秉维先生来到两站合并后的栾城站。他参观了站上的有关试验，听取了刘昌明的汇报，抚今追昔，展望前景，不禁感慨满腔，竟然激动地讲了两个多小时。因为，他看到了仪器设备的落后、陈旧，却一时无力更新；科研经费严重不足，却不能弥补，不免心情沉重。他同情科研人员，但同时对他们寄予厚望：“热爱事业，艰苦奋斗，搞好实验，促进农业的持续发展。”

黄秉维的讲话令刘昌明心潮澎湃，会后，向黄秉维汇报了打算与国际同行合作，争取资金支持和学术支持的想法，黄秉维表示完全赞同。

国际间的合作，首选的是日本，这是因为日本科学家曾经与中国科学家有过农业方面的合作，刘昌明与日本水文学界的专家多有交流。中日的合作，始于1996年，是中日团队间的合作。中方的团队成员主要来自石家庄农业现代化研究所，偶有其他科研单位参加；日方团队的成员，来自千叶大学、筑波大学、东京大学等高等学府。其中有两个日本水文界泰斗级人物，一个是千叶大学的教授、曾任日本水文学会会长的新藤静夫，一个是日本筑波大学的教授、国际著名水文学家榧根勇。继他们之后，领军人是筑波大学的教授田中正。他们三位是中日合作的传承人。

这三位先生都是刘昌明在做国际学术交流的时候认识的，友谊日深，成为感情真挚的好朋友。刘昌明的学生杨永辉形象生动地形容他们之间的真挚忠诚："可以无拘无束地喝酒，可以相拥在一起聊天，可以海阔天空地畅谈，谈科研也谈生活，有时直至通宵达旦！"有一次，杨永辉随刘昌明在日本访问交流，乘地铁的时候不期遇见榧根勇夫妇，刘昌明与榧根勇兴奋地拥抱在一起，你一言我一语地聊了很久，直到下车才恋恋不舍地握别。

当时，选择与日本水文界合作，还有一个原因，即当时我国经济状况较差，订阅西方的高档杂志都缺少经费，也没有互联网，信息来源比较闭塞，很少看到外国前沿的研究成果。日本由于经济状况比较好，与西方的交流多，西方科研中很多前沿的东西他们了解或掌握得比较多，我们有必要向开放较早的日本学习。

由于我们国家当时还比较穷，很多时候一个项目才给十几万块钱，使用起来捉襟见肘。巧妇难为无米之炊，技术人员研究水量平衡、水资源的利用等课题手段落后，影响科研的持续、深入、准确。基于此，争取外国资金做项目，无论从学术上取长补短，还是从经费上弥补不足，抑或从设备上力求高端都是必要的。对日本专家而言，因为我们土地辽阔，地貌复杂，土壤多样，水系分布也比较广，利于他们进行长时间而多方面的研究。

尤其是从太行山到渤海湾，观测水的运移，有一个断面的变化、梯度的变化，包括了水源区、消耗区，也包括了土地肥沃的丰产区和盐碱严重的低产区。这些，也是日本水文界专家愿意涉足的地域。应该说，合作是双方的心愿。

1996年，在北京召开了一次国际间的水文学研讨会。抓住这个机会，刘昌明请新藤静夫会长，还有日本千叶大学和筑波大学的一些专家到山西、河北、天津等地进行一些考察，向他们介绍情况。他特意讲道，华北的水危机已经初见端倪，有的地方因为地下水超采而地面下沉，中国的水文学家已经在针对这种现象进行研究。他之所以如此讲，具有很强的针对性，大有弦外之音，因为此前，日本有的地方出现了地下水超采导致地面下沉的现象，东京一带尤其严重，存在海水倒灌的危险，已经令人为之担忧。如何遏制，以致改变这种现象，是中日两国水文学家所共同关心的问题。这让日本专家感到中日合作对双方都有利，使他们萌动了合作的想法，加快了合作的进度。

时任刘昌明外事秘书的杨永辉谈到当时的情景说："1996年的冬天，新藤静夫先生和一些日本专家再次来到我们这里，在一周的时间里，刘昌明先生带着他们看了太行山站、栾城站和南皮站。日本专家非常看重我们的资源环境，新藤静夫先生在参观之后果断地表示，要利用华北平原这个地方，开展一些合作项目。第二年的春天，新藤静夫安排几位青年学者再次来到石家庄农业现代化研究所，磋商具体的合作项目。"

日本的水文学界分支较细，有水工、水电、水文科学和地下水之别，与石家庄农业现代化研究所的合作主要是水文科学。那时候还没有京津冀这个概念，习惯用海河流域来表述京津冀。中日的合作，就是研究京津冀这一带水资源的存蓄情况，研究水资源对农业发展的影响，研究地下水的超采持续多久就达到了危及人类生存的临界点等。

由于日本探测“水的年龄”的仪器比较先进，合作的其中一个项目就是探测水龄。中日科技人员从太行山附近开始，一直东行到沧州一带。通过探测认定，太行山附近的水龄大约在千年尺度，就是说地下水存储的时间还比较短；往东边，到栾城那一带，水龄约3000年，说明地下水存储的时间比较长；到沧州的黄骅那一带，水龄就有上万年了。在同样的深度和纬度，测出不同的水龄，可以说明有的地方，地下水被抽采了，因为雨量充沛，下渗水量多，补充得比较快，新灌入的水多，所以水龄短；而有的地方雨水少，缺少可补充的水源水，新灌入的水少，水龄就长。这就给人们敲响了警钟，雨水少的地方，如果再超采，地下水得不到补充，原本有水的空间，成为无物的空间，一天天增加，需要其他物质填充，地面下沉就不可避免。

刘昌明参与了“水龄”的研究，并与其他科技人员一起分析雨水的来处，是来自太平洋，还是来自陆地？同时分析雨量的大小、径流的大小，也就是研究水循环的变化，寻求解决问题的途径。

日本专家、科技人员每次到中国来，刘昌明只要有时间，一定会全程陪同，并嘱咐我方人员照顾好他们的食宿，为他们开展项目合作研究提供方便。他不怎么喜欢喝酒，酒量也有限，但是，只要遇上喜欢喝酒的日本专家或科技人员，他总会尽其所能多喝几杯，以表示自己的热情。若是日方人员提出到哪些地方去看一看，刘昌明也提醒其他人尽量做好安排。

有一年，日本专家要到中国来，按行程安排正好赶上中秋节，我方有的人员给刘昌明建议，请日本专家过了中秋节再来，我们也好陪着家人安安稳稳地过个传统的节日。刘昌明想到对方决定做一件事的时间，必定有他们的考虑，觉得还是满足要求比较好。他答应了日本专家的安排，亲自陪他们到试验点上去，中秋节那天就是在南皮站过的。为了表示我们的热忱，刘昌明特意提醒南皮站按照节日招待亲朋的方式接待日本专家，让他们体会到“宾至如归”的温馨，也能够涌动出与家人“千里共婵娟”的喜悦。

回忆国际间的合作，有人谈道，刘昌明把热情接待外国友人看得很重，强调以心换心，赢得人家的信任，合作才会和谐、持久，富有成效地进行。1996年，有几位英国专家考察石家庄农业现代化研究所太行山综合试验站，刘昌明特意把他们安排在试验站住宿。试验站有安静的居住环境，有自产的蔬菜、果品做成的农家饭。夜晚，在楼顶上能看到繁星满天，也能遥望远处村落的灯火，聆听四周野虫此起彼伏的鸣叫。这样富有情趣的环境，非常符合国外流行的休闲观念，让来访者感到特别惬意，一个个赞不绝口。

刘昌明同其他参与合作的中方人员，对待日本合作者一直热情有加，真诚相待，令日方专家、科技人员非常感动，尽心尽力地参与合作，在资金、仪器方面给予支持。

那时候，世界上测定水蒸发量的高端仪器Campbell波文比通量监测系统问世不久，日方便为太行山站、栾城站和南皮站提供了价值不菲的三套设备，并派员安装，给予技术指导。那些天，刘昌明本来有很多事情要处理，统统推掉了，大部分时间都在三个站上陪着日本专家和技术人员。

那些年，刘昌明曾经不止一次地对我方人员讲：“在水文研究领域，我们有些方面还赶不上日本，这是事实，我们不能忌讳这一点，忌讳了就会使我们故步自封。我们必须有勇气承认差距，通过虚心地、老老实实地学习来缩小差距。”所以，他一直强调把合作的过程视为学习的过程，让尽可能多的人员在合作中取长补短，增长才干。

清醒地面对现实，客观地评价自己，使得刘昌明一直保持着谦虚而真诚的学习态度，同时影响着他周围的人。他与日本专家协商，配备中方技术人员尽快介入，了解设备的性能，学习设备的运行知识，为中方科技人员熟练地使用设备奠定了基础。

这次的设备支持，开启了中日间“华北平原38度带水循环机理研究”项目，以新的手段促进了区域水循环过程和地下水平衡研究，逐步弄清楚不同的生态系统水量的基本平衡。同时，也培养了我们的人才，有做地表水研究的，有做地下水研究的，有做遥感研究的，还有做同位素研究的。当时参加研究的人员，后来都成为了某个方面的专家，有的人还走上了领导岗位。

这一次的合作，筑波大学的田中正教授参与其中。此时，他已经是陆地水文研究室主任，在这个项目的筹资、试验中付出了很多心血。

中日间的合作，一直持续不断，上规模的项目有15个之多。日方给予了仪器、资金、技术等方面的支持。

当然，在日本给予资金、设备支持的同时，双方通过学术交流，互相借鉴，攻破双方关注的课题。因此，每年都有日本专家到中国科学院石家庄农业现代化研究所来进行项目洽谈或学术交流，石家庄所也派人到日本交流学习。

在中日合作的同时，石家庄农业现代化研究所开始了与澳大利亚在水文学方面的合作。刘昌明在美国做访问学者的时候，美方曾经在夏威夷组织过一次水文学方面的学术交流，他受邀前往，结识了一些专家，其中有澳大利亚阳光海岸大学教授David J. Young，由此成为了好朋友。1985年，刘昌明受David J. Young教授之邀，到澳大利亚参加国际土地利用计划学术研讨会，又与一些水文学方面的专家深入接触，友谊逐年浓厚，为日后的合作做了铺垫。

1997年9月，由澳大利亚国际农业研究中心资助的“区域农业持续发展中的水资源评价”项目启动会，在中国科学院石家庄农业现代化研究所召开。此前的 1995 年 10 月，刘昌明已经当选中国科学院院士，这次就成为中方的负责人。

这个项目自 1997 年开始，到 2002 年结束，澳方参加的单位是澳大利亚联邦科工组织，中方参加的单位有中国科学院水保所和中国科学院石家庄农业现代化研究所。这是一个具有战略意义的研究项目，旨在通过区域水量平衡模型、土壤环境过程与改良、空间地理信息系统与农业技术推广等方面的研究，提高两国的农业水分利用率，进而提高农业生产可持续发展能力。

后来，与澳大利亚水文学界还有其他的一些合作，关于肥料的使用就是一个方面。澳方给了一定的资金支持，双方便着手研究如何减少肥料对土壤和地下水的污染，如何提高肥料的利用率，如何提高土壤资源的利用率，如何保证农业的可持续发展等。这类项目，能够使中国科学院石家庄农业现代化研究所和其他科研单位的很多人员参与其中，了解国外同行的研究途径和方式方法，开阔了视野。

那些年，中日、中澳的合作，相比较是稳定的，长期的，同时，由于刘昌明与很多外国知名专家交流多，感情深，能够把他们请到中国来，同样扩大着学术方面的交流。在那个年代，中国的科学界与国外的交流还有局限性，即便是存在的交流，多是个别人之间的交流，而少有这种团队间的合作交流，刘昌明引导一个团队加强与国外团队的合作交流具有典型意义。形成这些合作、交流收获很多，最为显著的收获是培养了一批人才，很多科技人员脱颖而出，成长为研究员、教授，在业内有一定的影响，这与那个阶段的学习、熏陶不无关系。石家庄农业现代化研究所的一些科技人员走出国门，做短时间的访学，或是做长时间的技术合作，在国外一些科研部门工作，也与那个时间的对外频繁交流有着直接关系。

在中日、中澳，以及其他一些国家水文界的合作中，刘昌明还经常阐释一个观点，直到现在仍被中国科学院石家庄农业现代研究所的人谈起：外事促内事。他经常说："我们的有些事情，单靠我们自己，做不了，或者做不好，就要借助外界的力量。不管什么力量，只要是国家允许的，对我们做成事情有帮助的，我们都应该借助。这不就是借梯子上房，借船出海嘛！"

Workshop on Watershed Forest Influences in the Tropics

September 28 - October 2, 1981

The EAST-WEST CENTER *Honolulu, Hawaii* East-West Environment and Policy Institute

1981 年，刘昌明参加热带雨林保护国际研讨会

WORKSHOP/SEMINAR FOR LAND USE PLANNERS
Gympie, Australia
May 5-16, 1985

(L to R)
Front Row: Severo Saplaco, Sunil Dimantha, Rene Desiderio, Y.S. Rao, Purna Maharjan, Noel Trustum, Warwick Willmott, John Hawley, Michael Bonell, Emmett O'Loughlin, Andrew Pearce, Lawrence Hamilton, Parei Joseph, Christopher Gibbs

Back Row: Bambang Sukartiko, Liu Changming, Peh Cheng Hock, Sittichai Ungphakorn, Mok Sian Tuan, Supriyo Ambar, Nipon Tangtham, Ramesh Chandra, S.P. Rajbhandari, Perinpaneyagam Krishnarajah, Robin Brill, Low Kwai Sim, Santos Acoba,

1985 年 5 月，刘昌明于澳大利亚金皮（Gympie）参加全球土地利用大会

1990 年，地理学报的国际编委合影（右起：刘昌明、吴传钧等）

1998 年 6 月 18 日，刘昌明（前左）与日本千叶大学教授新藤静夫（前右）在中科院太行山山地生态试验站签署合作协议［后排左起：王建江、佐仓保夫（日本千叶大学教授）、杨永辉］

1999 年，中日合作项目学术研讨会黄土高原生物生产可持续发展黄淮海平原盐碱地提高生物生产力开发研究会议合影

1999 年，参加在昆明举行的国际河流合作开发利用和协调管理国际学术讨论会

2004 年 1 月 19 日，国际地理联合会执委会在威尼斯召开，刘昌明连任副主席

2006 年 10 月，赴日本千叶大学访问交流

持续关注农业节水

其间，他为政府官员几近惶恐的忧虑所震撼，为农民担心水资源枯竭将不能生存的哭诉所触动，更为他们在干旱的年景里望着绝收的庄稼落泪所心酸。所以，他越发感到自己作为一个水文学工作者，应该为农业节水贡献力量。

刘昌明较多地关注农业节水，始于20世纪80年代后期。

在有关华北平原农业节水的研究中，他查阅资料，深入乡间，访农问策，历史而具体地感受到，水资源消耗惊人、水资源严重不足已经成为平原农业发展的主要限制因素。为了确保农业产量增加，必须解决农业供水问题。在他看来，节水的途径无非有三，开源、节流、管理，节流在开源之上，管理乃节流之保障。他给出的节水系统框架是节水的农业、节水的灌溉技术和节水的管理方式，包括了宏观与微观，自然、技术、经济和管理诸因子。他把农业节水系统细化，涉及农业结构、作物布局、管理政策、水价水费、灌溉技术、防渗技术等十几个方面，具有很强的操作性。

他不辞辛苦地对不同地区的农、林、牧业进行调研，认为平原的种植业属于高耗水结构，加之耕作制度与水源条件相悖，耕作方式粗放，无益蒸发较大，导致农业水资源供不应求。就此，他给出了有针对性的措施。同时，他还对节水灌溉与良好保墒，加强节水管理和调控好土壤水阐述了自己的观点。其间，他还用一分为二的观点分析，指出华北平原那些潜水位高的地区要加强井灌，降低地下水位，减少潜水上升排泄，控制土壤盐渍化，改善农田生态环境。

此后的研究中，他进一步完善着自己的认识，开阔着自己的思路。在关注国际农业节水的过程中，他了解到以色列在“农业用水有效性”方面的研究可以参考。于是，他与其他水文学专家逐步加深对以色列农业用水经验的研究，并于 1992 年 4 月在北京召开了由中以两国专家参加的“农业用水有效性研讨会”，就作物对灌溉水的影响、灌溉的环境效应、农业发展的现代灌溉技术等方面各抒己见，涉及了作物需水量、水分利用率、灌溉的生理生态反应、灌溉的环境负效应、优化灌溉、农业水资源的联合利用、墒情检测诸多内容。这次研讨会的论文，由许越先、刘昌明和以色列专家 J · 沙和伟担任主编，编撰为《农业用水有效性研究》一书。

刘昌明在研讨会上的发言，是从“黄河下游平原农业水资源联合利用”切入。他根据自己的考察讲道：黄河下游两岸有 180 余万顷（一百亩为一顷）农田为引黄灌溉，靠近河道和引水渠的地方，存在着土壤次生盐化的威胁，而远离的地方则供水不足。引黄水的有效利用，就涉及地表水、地下水、有效降雨与土壤水的联合利用。他通过严谨地计算，分析循环水中水分转换的复杂过程，给出农田水转换模型和联合用水模型，指明灌溉水管理的原则应该是：为弥补降雨的不足而利用地下水，地下水抽水量必须与补给量相应，同时考虑灌溉的环境影响。

这次研讨会之后，农业节水成为刘昌明水文学研究的重要方面。1993 年，《农业用水有效性研究》一书墨香犹存，刘昌明就参与了国家自然科学基金“八五”重大项目的研究，其项目是“华北平原节水农业应用基础研究”，有 300 万的资金支持，时间从 1993 年到 1997 年。时为中科院院士，次年选聘为中国工程院院士，当选为第三届世界科学院院士的石元春先生和刘昌明为此项目的主持人。

这次的研究项目，为日后刘昌明深入研究农业节水提供了帮助。他作为主持人之一，能够全面地了解大家的研究成果，扩展着自己的视野，明白研究方面的孰轻孰重；他负责的课题为“典型农田 SPAC 系统水分运行、转化规律及调节试验”，与他人携手参与其中，研讨得深入精髓，细致入微，收获不言而喻。

他们的项目，进展顺利，提前两年完成，成果结集为《节水农业应用基础研究进展》出版。石元春、刘昌明和时为中国农业大学资源与环境学院副教授的龚元石担任了此书的主编。书中收录了刘昌明与他人合作的三篇论文，他们引用此前华北各地有关节水农业的多项研究成果，详尽分析和论述了华北平原节水农业的内涵，针对节水体系不完善的问题，指出了限制节水农业推广的主要问题，用四个方面的序列流程图，全面给出了节水的技术措施体系；他们通过对现有的几种根系吸水模型的分析，直言不讳地指出其不足，以及给计算带来的误差，并根据根系吸收过程中降雨、辐射、土壤温度、土壤湿度、土壤质地、地下水位埋深、植物根的长度和密度、植物覆盖率等因素，一步步论证，给出了“应用地下水最优识别模型”，以此来计算土壤水与地下水的交换率，精确度大为提高，能对植物的用水量做出科学判断；他们还针对华北平原以冬小麦、夏玉米和大豆种植为主的情况，研究了减少农田蒸发、促进作物根系发育而增加其对土壤深层储水利用、根据作物生长期指定供水计划等问题。

这个阶段的研究，使刘昌明对农业节水有了更广泛、更系统、更深入的认识，同时对不能尽快地、很好地解决农业节水问题忧心忡忡。由此经常想到的一点就是“水文学如何为农业节水更好地服务”，这是他从事水文学是“为了祖国的需要”的具体化。

1998 年 10 月，中共中央十五届三中全会召开，就农业节水问题进行研究，提出“要大力发展节水农业，把推广节水灌溉作为一项革命性措施来抓。”刘昌明备受鼓舞。

在农业节水研究中，刘昌明所带领的研究人员依据了SPAC的有关理论，使研究更加细化。SPAC即土壤—植物—大气连续体(Soil-Plant-Atmosphere Continuum）的简称。其概念的内涵说起来有点神秘莫测，非目力所能及，非触觉所能感，但的确是那么一个过程：水分在土壤中运动，接近植物根系，被它所吸收，通过热情而富有生命力的细胞不遗余力地传输，进入植物的茎，再悄然而持续地分布于一枚枚叶片，并由叶片气孔无声无息地扩散到空气中。这是一个统一的、动态的连续系统。

依据这一基本理论，刘昌明与众多研究者一起探讨土壤、作（植）物、大气中的水分运行、转化规律，在土壤水与大气水、土壤水与植物水、土壤水与地下水、土壤水与地表水之间的“界面”上做文章。栾城农业生态系统试验站、山东禹城综合试验站，以及中国科学院石家庄农业现代化研究所南皮生态农业试验站，在几年的时间里，科技人员经过多种多样的试验，结合对水文资料的分析，以及对有关数据的精确计算，提出了农业节水的有关论述：通过农田覆盖、中耕等手段，减少蒸腾，节水保墒；掌握不同区域作物的耗水规律，适时适度灌溉，提升水的利用率；科学施肥，促使作（植）物根系对土壤水的吸收；控制根系的形态、分布，使其很好地吸收土壤中的水分且减少蒸发；人工调控作（植）物根与冠的比例，使其生长保持在均衡状态……

这类研究成果，形成高质量的论文近30万字，于1999年10月结集，由中国科学院科学出版基金资助出版为《土壤—作物—大气　界面水分过程与节水调控》一书，成为农业、农田水利、生态水文、自然地理科学工作者所青睐的图书。刘昌明担任了此书的主编。

在此书的序言中，刘昌明开篇娓娓道来：“华北平原是我国最大的平原，光照充足，热量资源丰富，土地平整，土壤肥沃，实行一年两熟的种植制度，历来是我国最主要的粮食产区之一。但是，水资源不足，水土资源组合欠佳，正日益成为限制本区农业生产潜力发挥的主要障碍因素。随着区内人口与经济的发展，城乡及工农业间用水的矛盾日益突出，从当前和长远来看，必须发展节水农业。”

这是刘昌明的心声，也是他在水文学领域呕心沥血的主攻方向之一。为推进包括此项研究在内的诸多研究，他深感时间不够用，多少年间，节假日几乎没有休息过，几乎每晚都会伏案于夜阑更深。有时候到外地开会或出国访问，他认为耽误了时间，回到北京那一刻，跟司机在饭店，甚至路边的小摊吃点饭，就赶紧到办公室去，家人都不知道他已经回到了北京。

因为研究水文项目的需要，在20世纪80年代之后，刘昌明几乎走遍了河北省的所有县，尤其是西起太行山，东至沧州的38度线一带去得更多。所到之处，很多时候会谈到农业节水这个问题，其间，他为政府官员几近惶恐的忧虑所震撼，为农民担心水资源枯竭将不能生存的哭诉所触动，更为他们在干旱的年景里望着绝收的庄稼落泪所心酸。所以，他越发感到自己作为一个水文学工作者，应该为农业节水贡献力量。

1992年，他到中国科学院石家庄农业现代化研究所任职后，对河北的缺水问题更加关切。资料显示，河北省是华北地下水超采最严重的一个地区，从20世纪70年代开始，一些地方河水断流，湿地干涸，土地龟裂，所谓的这个海，那个洼，某某湖，某某泽，也就徒有其名了。与之相伴随，地下水位逐年下降，一般的年份在80厘米，干旱的年份达到100厘米还多，速度令人惊惧惶恐。在20世纪五六十年代，很多地方轻松地用扁担就可以把井水提上来，而到了八九十年代，很多地方的水位已经下降到10条扁担也提不上来，距离地面有三四十米！想象未来，水枯地裂，禾焦人亡，令人暑天而瑟瑟发抖。这绝不是危言耸听，是严峻的现实对可怕的未来的一种昭示！刘昌明每每想到水的未来，不免忧虑不安。他是为社会忧！

在编辑《土壤—作物—大气　界面水分过程与节水调控》这本书时，他更多地思索着水问题，所以，在这本书刚刚出版的时候，他就在考虑：研究队伍已经比较成熟，研究成果已经有了一定的积累，应该乘势而上，为河北的农业节水再有所贡献。思之于心，行之于途，刘昌明开始拜访志同道合者，以期联络更多的人，同心协力实现自己的理想。

刘昌明他们前期要做的事情就是让更多的人，尤其是有决策权力的人认识到缺水的危机，意识到进行这个领域研究的必要性，能够给予足够的支持。达到这个目的，有一定的困难。因为，在那个年代，粮食高产还是人们普遍追求的目标，对河北省这样的农业大省来说，高产是彰显领导政绩的一个方面，而要高产，就必须充分满足灌溉，节水在一定程度上与之相矛盾。陈旧的传统观念对人是一种束缚，要挣脱束缚有一个过程，还要有胆识非同一般的人。所以，农业节水的研究和实践是在历史的局限中进行着，探索着。

1999年，刘昌明想到利用较长的时间，做一次成规模的农业节水探索。有人担心刘昌明的建议难以实现，对其有所规劝，但他从农业的可持续发展考虑，从保障地下水资源不会枯竭考虑，还是坚持着自己的立场。

刘昌明等人与河北省水利厅的领导、专家经过多次交流，使他们有了未雨绸缪、尽快研究节水模式的愿望，并通过他们由省政府划拨了300万的研究经费。这在当时是令人唏嘘的大数字了，此前河北省从来没有因为涉农涉水的专项研究项目划拨这么多的钱。

这个项目在业内外有一定的影响，自2000年启动，新闻单位自始至终追踪其进展，河北省领导也时有过问。

这个项目由中国科学院石家庄农业现代化研究所与中国地质科学院水

文地质环境地质研究所共同承担，刘昌明是项目的负责人。之所以请中国地质科学院水文地质环境地质研究所参与，是刘昌明从研究的质量保障来考虑的。因为，这次研究，涉及地表水，也涉及地下水，中国地质科学院水文地质环境地质研究所对地下水的研究更有经验。何况，中国地质科学院水文地质环境地质研究所在正定，距离石家庄农业现代化研究所和栾城试验站不远，方便人员合作；中国地质科学院水文地质环境地质研究所的负责人是水文地质和工程地质学家、中国科学院院士张宗祜先生，由他牵头做其中的一些研究必会获得预期的成果。

这个项目从2000年开始，到2003年结束，主要围绕着4个课题进行，包括了系统评价河北平原现状地下水数量，分析地下水资源供需，提出地下水资源可持续利用的策略和措施；研究节水农业生理生态基础，探讨作物节水机理，提出大幅度提高农田水分利用效率技术措施；集成综合节水农业技术体系，建立粮田综合节水模式、大棚菜综合节水模式和旱地节水农业结构模式；评价节水技术应用所产生的节水效果以及对地下水位下降的影响。

为做好项目的研究，刘昌明与张宗祜先生多次沟通，对每一个方向，每一个环节都反复讨论，力求计划周密。接着，组织起近40人的研究队伍，综合节水农业技术与模式，主要在山前平原栾城县、鹿泉市和低平原南皮县进行，集成的综合节水农业模式则辐射整个河北平原。一时间，当地政府保驾护航、当地科技人员参与其中、当地农民紧密配合，刘昌明和张宗祜或运筹帷幄，或调兵遣将，或亲临现场，指导着研究有条不紊地推进。

为获得更加充分的资料，进行过多次野外调查，刘昌明、张宗祜和其他研究人员几乎走遍了河北省的所有市县。冬小麦调亏灌溉制度试验，夏玉米节水灌溉试验，污水灌溉、耕作方式和种植方式试验，薄膜覆盖、秸秆覆盖下土壤含水量和蒸发量的数据采集，地下水的年内动态观测等反复进行着。一些被邀请的专家走进了田间地头，一些有关农业节水的讲座在县级电视台展开，甚至得到了中央电视台农民频道的支持。

经过三年的研究、试验，刘昌明和张宗祜先生带领团队总结出了具有明显节水效果的农艺节水技术，包括了冬小麦、夏玉米如何适时适度灌溉，如何在选择好品种的基础上，合理施肥、深浅轮耕、秸秆覆盖、小垄密植等等。栾城示范区小麦取得了亩节水110立方米、增收95元、亩产527千克、水分利用效率1.9千克每立方米的显著效果。

2004年12月26日，河北省科技厅邀请山仑院士、李廷栋院士、陈梦熊院士和孙大业院士对项目进行鉴定。新闻媒体随之报道："鉴定委员会听取了课题组的工作报告、技术报告、科技创新报告、效益分析报告，审查了技术档案，进行了质疑答辩。经充分讨论后，一致认为：本项研究立题准确、技术路线合理、方法先进、资料齐全、档案完整、数据可靠、效益显著，超额完成了计划任务指标要求，为河北平原地下水恢复、发展节水高效农业和水资源可持续战略制定提供了重要的决策依据。该项研究成果总体达到国际先进水平，在节水农业模式与地下水关系的研究方面居于国际领先水平……经过近3年的深入研究与技术示范，从节水品种、农艺节水、工程节水和管理等四个方面集成了'节100、增100、超吨粮'的综合农艺节水技术体系。"

后来，这个项目获得河北省技术二等奖。

无疑是这个项目获得成功的影响，半年后的2005年7月，河北省节水农业重点实验室成立，挂靠于中国科学院石家庄农业现代化研究所。刘昌明担任实验室主任。

同样因为这个项目的成功，锻炼了队伍，积累了经验，在业内产生了

1993 年 3 月 10 日，与部分专家在河北省元氏县考察

河北省院士特殊贡献奖

为了表彰为河北省经济建设、社会发展和科技进步做出突出贡献的中国科学院、中国工程院院士，特发此证。

证 书

奖励类别：二等奖

获 奖 者：刘昌明

二〇〇六年度．证书号 0019

2006年4月7日

2006 年，获河北省院士特殊贡献奖

积极的影响，后来争取到了国家的项目——“华北平原景观区的节水”。这个项目是同河北省水科院携手来做，同样取得了令人称道的研究成果，被评为河北省技术成果一等奖，国家技术成果二等奖。

在中国科学院石家庄农业现代化研究所组织、参与的两次有关农业节水的项目中，以及中澳、中日合作的项目中，除了刘昌明之外，还有一些中科院院士参与。因此，有力地推动了项目的进展，保证了项目完成的质量，这使得刘昌明产生了一个想法：建立院士联谊会，成为一个智囊团，也建立广泛的人脉，为河北省的科技发展做贡献。

刘昌明在工作中结识了河北省科技厅常务副厅长王振国，二人交往较深，他向王振国谈了自己的想法：“河北省内有河北籍的院士，也有国家驻河北科研单位的院士。我们能不能把这部分人组织起来，成立一个联谊会？以此为骨干，同时吸收与河北在科研、项目方面有关联的院士，也吸收河北籍在外地工作的院士。”

王振国听刘昌明讲了建立院士联谊会的好处，当即表示同意。很快，这个联谊会就建立起来，刘昌明推荐比他资格老的张宗祜院士担任会长，自己担任副会长。这个联谊会人数最多的时候达到280多人，活动持续不断，达到了刘昌明预想的目的。

由于刘昌明多年在河北省从事水文水资源领域的研究，对华北地区水资源分配和水利设施的总体布局、河北省水资源高效利用和水利建设等方面做出了显著贡献，促进了河北省的经济发展，2006年被授予“河北省院士特殊贡献奖二等奖”。几年后，又荣获了河北省人民政府颁发的“2011年度河北省科学技术突出贡献奖”。

几十年间，刘昌明为农业节水孜孜不倦地进行研究，对社会节水也不断地呼吁。在他看来，但凡有人的地方，工厂、机关、学校、医院、宾馆等公共场所，都必须提倡节水，形成节水的意识和自觉。每一个家庭，如果从洗菜、洗澡、洗衣服、冲厕所这类容易忽视的环节做起，节水效果才会显著。

在节水上，他和家庭的自我约束甚为严格，能节约一滴水，绝不浪费一滴水。洗澡的时候，只要洗干净了，绝不继续放水享受淋浴的舒服；洗菜、洗脸、洗脚的水总会用来冲马桶。

他是研究水的人，是那样的珍惜水，是因为经验告诉他，水对人类的影响乃生死攸关，轻视不得。所以，他在很多报告、论文、咨询中一直倡导：要全民节水，全面节水。

证书

刘昌明 傅国斌

由中国科学院、中国工程院、清华大学出版社、暨南大学出版社和科学时报社五家单位组织申报的科普项目:《院士科普书系》(共100本),荣获2005年度国家科学技术进步二等奖。您的著作:《今日水世界》属于该项目之一,特发此证。

中国科学院　中国工程院

二〇〇六年十月

2006年，获国家科学技术进步奖二等奖

2011年12月28日，刘昌明获河北省科技突出贡献奖

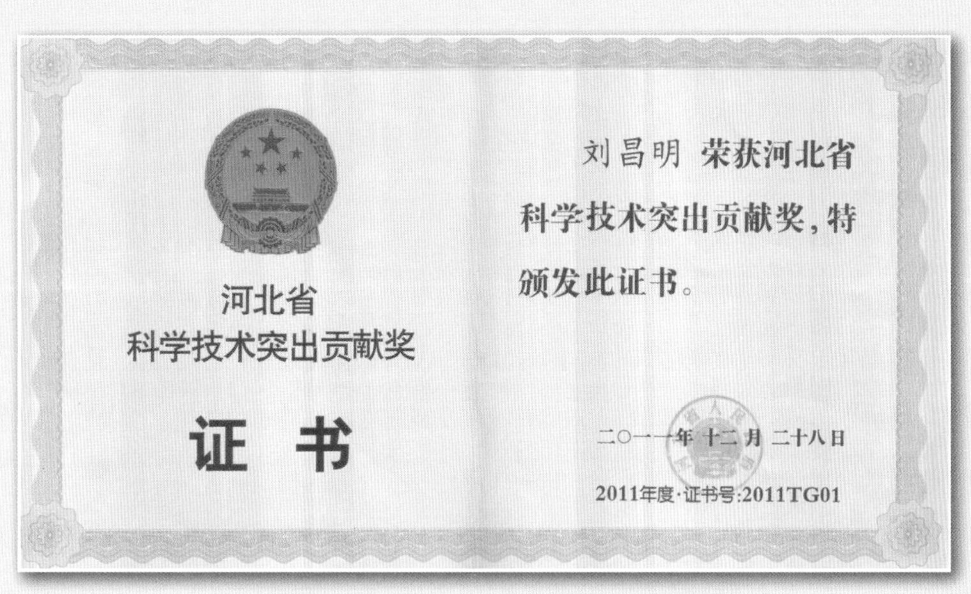

河北省
科学技术突出贡献奖

证 书

刘昌明 荣获河北省科学技术突出贡献奖，特颁发此证书。

二〇一一年 十二月 二十八日

2011年度·证书号:2011TG01

2011 年 12 月，获河北省科学技术突出贡献奖

2018 年 9 月，参加河北省院士联谊会会长会议，参观白洋淀留影

雨水利用首倡者

“刘先生是中国雨水利用之父。”

刘昌明的研究，很多时候多头并进，雨水利用的研究便是与其他的研究同时进行着，始于20世纪80年代，乃我国从这个时期起，系统、持久研究雨水资源和利用的先行者和突出贡献者。

20世纪80年代，世界范围的雨水收集协会已经成立，参加者有30多个国家。

1982年，正是刘昌明在美国访学的时间，第一届雨水集流的国际会议在夏威夷召开，刘昌明应邀参加。当时为“国际饮水及卫生10年”伊始，与会者发起成立了国际雨水集流系统协会（IWRA），引起广泛关注。此后，每4年召开一次区域性会议。第一次参加国际间的雨水利用会议，而且是唯一的中国水文学方面的学者，让刘昌明为之激动，对雨水的关注热情由此而发，日渐浓烈。这是责任使然，因为祖国需要。

他逐步了解到，世界为干旱所累，干旱问题困扰着60多个国家和地区。自20世纪70年代以来，美国、苏联、突尼斯、巴基斯坦、印度、澳大利亚、墨西哥、德国、日本等国对雨水收集利用研究不断深入。20世纪后期，我国干旱或半干旱土地占国土面积半数还多，影响着农、林、牧业发展，也影响着人类的生存。为挣脱干旱的桎梏，对雨水利用的研究成为必然。

刘昌明在研究雨水资源之初就注意到了当时国外采用屋顶雨水集流、地面雨水集流和岩石面雨水集流几种方式。同时，他也研究我国干旱和半干旱地区，尤其是我国西北干旱地区农家原始的收集雨水方式，包括家庭生活所需和农耕所用。他认为家庭应通过屋顶、庭院、场地集流的方式收集雨水，存储于缸或窖内。他和调研者通过实地勘察和计算机模型计算，给出了存储器的合适容量，应该是一个家庭在两次下雨最长间隔（根据历史的记录）期间的用水量。那么，干旱季节长的地区需要较多存储容积才能保证年内连续供水。

当时，我国的北方，尤其是西北高原、偏远地区仍是传统的耕作方式，雨水农业占比较高，靠直接下雨和河流、水库二次供水来灌溉。刘昌明他们通过计算分析有效雨水资源和农田生态有效雨水利用，考虑到了雨水蒸发和补充地下水，实际可用水仅为一部分雨水。据此，他们首次提出了“土壤水库”的设想，即利用土壤间隙存储更多的雨水和灌溉水，并且通过一定的手段能够将他们转化为土壤水供作物利用。

以往，人们讲到水的转化，使用“四水”这个概念，即雨水、地表水、土壤水和地下水。刘昌明在研究中发现，在水的转化中，不能忽视了“植物水”，所以，他在 20 世纪 80 年代就开始使用“五水”这个概念。

在研究雨水资源之后，他对雨水利用、五水转化以及农业有效水分的关系有了新的认识。他与助手研究了中国近百个山区小流域年水量平衡因子资料，分析水分转换规律，认为雨水、地表水、土壤水、地下水和植物水互相转化，雨水是五水转化中气态、液态或固态形式水分最根本的来源，无论何种气候条件下，雨水都是最基本的水循环因子。雨水利用的实质是调控大气、地表水分转化过程中水分的状态变化，增加可供家庭生活、农业灌溉的水资源。据此，他们推论中国的干旱、半干旱、半湿润地区通过雨水集流系统建设，提高产流和水源存储能力，必然产生巨大潜在的社会经济效益。

这些初步的研究和见地，在当时已经难能可贵。

1995 年 6 月，在北京，中国地理学会、中国科学院水问题研究中心等单位联合主办第七届国际雨水利用大会。这是一次关于雨水利用的盛会，与会者 170 余人，来自美、英、澳等 31 个国家和地区的代表就有 91 人。刘昌明作为组委会主席，做了主旨发言，并被推举为国际雨水集流系统协会（IRWCS）执委会主席。对中国而言，关于雨水资源利用的研究已经进入一个新的阶段；对刘昌明个人而言，关于雨水资源利用的研究有了更大的平台。

这次的大会产生了积极的影响，一些国家的专家开始关注中国的雨水利用，展开有关研究。德国一位专家非常看好中国的雨水利用，回国后多方呼吁，争取到 300 万马克的资金，资助北京进行雨水收集的试验。如今，因为这个项目，还能看到漂亮的池塘、绿植覆盖的停车场、地下蓄水池，成为城镇雨水收集的样板。更为值得称道的是，这位德国专家和其他一些人的介入，带来了德国在雨水利用方面的一些理念、做法、经验，对我国开展雨水利用颇有帮助。

次年，在伊朗召开有关水资源利用的国际会议，刘昌明认为是一个中外交流的好机会，积极向上级和有关专家介绍情况。在他的努力下，来自全国的24位专家前去参加了会议。如此多的专家一同出国参加学术研讨会，以往似不曾见到。刘昌明之所以建议那么多的人参与国外的研讨会，目的非常明确，就是希望有更多的人认识保护水资源的重要，认识雨水收集的深远影响，提高水资源保护和雨水利用的自觉性。

20 世纪 90 年代末，我国的建制市已经发展到 680 个，半数供水不足，百余严重缺水。面对如此严峻的形势，刘昌明有揪心之痛，更加感到深入研究雨水利用刻不容缓，责无旁贷。

他为研究雨水问题，广泛阅读古今中外有关雨水收集的历史资料和新的研究成果，去往很多干旱和半干旱地区实地调研，在偏远的山区和条件艰苦的农村度过很多时日。干旱的严酷现实震撼着他，促使他在论坛、授课、会议、访谈等很多场合，努力阐释自己的观点，积极呼吁充分利用水资源：

“对于洪水、雨水要有一个正确的认识，洪水不是猛兽，通过科学的方法，可以将洪水、雨水转化为能够为人类使用的资源水。”

“广大城市工矿区的雨水尚未利用，城市建筑大面积的不透水面上的雨水，使雨水收集具备最为有利的条件。城市面积越大，降雨越多，可望收集的雨水就越多。城市雨水收集不仅使城市供水得到大量补充，同时也可防止污染和缓解城市下游的雨洪威胁。”

“雨水是可更新水资源的总来源，我国可更新的水资源主要来源于降雨……雨水利用与节水均具有非常大的潜力。”

“目前，我国在雨水收集利用方面差距很大，有很大的空间可挖，下一步，应通过法律法规、技术规范、政策鼓励等多种手段，在城市和缺水地区推进雨水的收集和利用。”

他那么具体地提醒人们：如果把一块地面夯实，或者抹上水泥，或者用塑料布、油毛毡盖上，就可以收集雨水入窖；如果把水坑、水塘、村庄道路上的雨水加以收集，就能供牲畜饮用；如果在城市居民或办公的楼顶安装水管收集雨水，楼下有大桶接着，水管中间安两向阀门，把起初的脏水放掉，后边的洁净水就可收集起来；如果在我国成千上万的岛屿上，特别是在珊瑚岛、火山岛上，收集岩石上的雨水，就可以缓解淡水不足的困扰……

在中国科学院水问题联合研究中心建立并由刘昌明担任主任之后，雨水资源利用的研究逐渐广泛而深入。1996 年，中国科学院水问题联合研究中心在兰州召开了研讨会，这是一次近乎现场会那样的研讨会。甘肃省是我国严重干旱缺水的省份，1995 年遇到了 60 年未遇的特大旱灾，很多地方河流干涸，可供现有设备抽采的地下水无几，300 万人饮水困难，200 万头牲畜面临水荒，很多地方只能靠水窖所积蓄的可怜的雨水度日。为了一次性地解决这个迫在眉睫且顾及长远的水问题，甘肃省委、省政府决定在两年内实施“121 雨水集流工程”，即每户修建 100 平方米的集水场，建两口水窖，开辟一亩以上的庭院经济。如此，可以比较稳定地解决人畜饮水问题，为干旱地区水利建设上的一大突破。

刘昌明他们把研讨会安排在这个特殊的区域，能够使专家们近距离地了解旱灾，有的放矢地出谋划策，并把“121 工程”的基本理念在更大范围推广。那些天，他们去往定西的一些农村、山区，在田间调研干旱情况，到农家了解雨水的存储。每到一地，他们都认真听取当地政府和农民讲述缺水的情况，讲述抗旱的艰辛，讲述收集和利用雨水的经验，心被刺痛，精神受到鞭策，感到一个水文学家肩上的担子是那般沉重。

1998 年，中国科学院水问题联合研究中心在徐州召开了“雨水利用国际学术研讨会暨第二届全国雨水利用学术讨论会”。这次研讨会规模空前，不仅有中国的专家和政府有关部门的人员参加，还有美国、日本及东南亚一些国家的水文专家莅临。

在那个阶段，雨水利用的重要性已经被众多政府官员所认识，他们积极参与到有关活动中来。徐州研讨会时，时任江苏省水利厅厅长翟浩辉和各县市的一些水利部门工作人员就参加了。因为翟浩辉毕业于华东水利学院，长期从事水利工作，为高级工程师，是水文学方面的专家，所以，会议之后他和刘昌明一起编辑了这次会议的论文集。由于翟浩辉在 1998 年的抗洪中表现突出，会议后不久就荣任水利部副部长，之后的很多年都与刘昌明有业务方面的交往。

继在兰州召开全国雨水利用学术讨论会之后，每两年召开一次此类研讨会。2000 年，第三届全国雨水利用学术研讨会暨中国科学院水问题联合研究中心学术年会在辽宁召开，参加会议的中国科学院有关研究所、全国各地水利部门、各大专院校相关专业的专家学者有 40 多人。研讨会上，与会者介绍了各地雨水资源评价及供需分析、集雨补灌、微型生态集雨技术、雨水的水质处理、窖水消毒等技术。同时，还研讨了城市雨水利用及城市雨水利用技术产业化的前景。

这个阶段，刘昌明对城市雨水资源的利用有了更广泛的思考，认为随着城市化进程的不断加快，以及城市生态环境的改善，城市生态环境需水量越来越大，而城市有着大量的硬化地面如道路、广场、屋顶，这些都是雨水收集的理想场所。随着时间的推移，雨水利用对解决城市水资源紧缺矛盾必将起到越来越重要的作用，与之相伴随，则是雨水利用产业的兴起。

他在研讨会上强调了自己的观点。后来的雨水资源利用产业迅猛发展，证明了他的见地非常有前瞻性。

这次研讨会上的论文结集为《雨水利用与水资源研究》进行了出版，为较早的专题论文集，具有很强的指导性。刘昌明和李丽娟作为论文集的主编，也有文章收入。他们在《城市雨水利用的潜力与对策》中，阐述了自己的思考：由于城市 80% 的面积不透水，“大量的道路、房屋等不透水面积存在，一方面使得城市的降雨入渗量大大减少，极大地削弱了降雨对地下水的天然补给作用；另一方面，使城市雨洪峰值增加，汇流时间缩短，导致城市下游地区的雨洪威胁加剧。”如果把城市雨水利用好了，就可以使雨水成为地下水回灌的水源，也可作为城市水环境景观的补充用水和绿化用水。他们强调，“城市雨水利用既可以充分利用当地的宝贵水资源，缓解城市缺水压力，又可以减轻城市洪水危害，改善城市环境状况。”

他们科学地分析了城市雨水利用的具体特点和发展方向，用数字推断出发展的潜力。对于城市雨洪回灌、城区雨洪利用，他们也给出了具体措施。最为后来的雨水利用所参照的是，他们系统地阐明了雨水利用的配套政策与对策措施，涵盖了修改现行水资源评价方法、补充和完善水法中的雨水利用实施细则、把雨水利用纳入水资源的统一管理体系之中、调整水价并实现水资源市场化、保证雨水利用的资金投入、加强雨水利用的宣传教育与示范、加大科技投入并加强雨水利用的科学研究、积极开展城市雨洪回灌、实施家庭雨水收集工程等 9 个方面。

后来的城市雨水资源利用，大体是按照这个思路进行着，完善着。

刘昌明的研究也更多地放到某些城市之中，使理论与实际结合得更加紧密。其中，最有代表性的当属对北京市雨水资源利用的研判。北京市的雨水利用始于 20 世纪 80 年代初，国内外大批专家、科研人员参与其中，给出了许多有效的对策。2006 年，北京市雨水利用进入大范围推广阶段，雨水收集、利用已经初具规模。刘昌明受邀组织人员对以往的诸多研究成果和建设成果进行分析，实事求是地指出了“行政命令多，市场调节少；雨水利用的点多，面少；关注水量多，关注水质少；宣传多，规范少”等问题。据此，他们给出了具有指导意义的对策。

在北京市如此，在其他城市也如此，研究不是停留在理论层面，而是紧密联系着实际，体现着刘昌明经常提倡的“水文学为社会需要服务”的理念。

随着城市雨水资源利用研究的深入，“海绵城市”逐渐成为热门话题。这个概念来源于澳大利亚学者就城市周边农村人口的吸附效应的研究，随后被引入到城市雨洪利用研究中。

海绵城市是个形象的比喻，是指城市能够像海绵一样，有弹性，有吸水能力，下雨的时候吸水、蓄水、渗水、净化水，也就是储存了水。利用的时候，能把水“挤压”出来。2013 年 12 月，习近平总书记在中央城镇化工作会议上指出：“在提升城市排水系统时要优先考虑把有限的雨水留下来，优先考虑更多利用自然力量排水，建设自然积存、自然渗透、自然净化的海绵城市。”之后，这项研究为高层所重视，为水文学研究者所热衷，我国开始在 30 个不同类型的、不同区域的城市、城镇做试点。

国外对海绵城市的关注较早，发达国家已经逐步形成了比较完备，具有本国特色的技术规则。刘昌明他们在研究中发现，我国在那个阶段，90% 的城市排水设计理念是依据管道、泵站等灰色设施的“快排”模式，并没有考虑利用地形和下垫面等绿色措施的调蓄，较少对雨洪进行合理的处理和利用。针对这种状况，刘昌明带领研究团队开始从良性水循环的角度，探讨海绵城市规划的核心内容，关键技术与方法，构建具有自主知识产权的雨洪模型。他们设想的海绵城市，在防洪排涝方面遵循的基本原则是因地制宜、就地消纳雨水，并控制好各种城市垃圾对初起雨水的污染。通过下沉式绿地、绿色屋顶、调蓄池、雨水罐等设施做好收集、存储、处理和利用。要达到这个目的，必须依据一定的历史资料，对某个城市遇到大、中、小雨时，在多长的时间，会降下多少雨水、能形成多大的流量、吸纳或排水管网如何设计等，做出科学的推算。然而，城市内楼房林立、道路纵横、地形复杂、植被多样，雨水流向不定，渗透因地面质量不同而有别等因素，都给计算带来困难。刘昌明和他的团队也不得不承认：“城市雨洪模拟技术是海绵城市规划和设计中的核心方法之一，也是当前城市水文学研究领域的前沿和难点。”。

困难的堡垒固然存在，但祖国需要攻克这样的堡垒，刘昌明和他的团队义不容辞地对困难的堡垒发起进攻。根据自己或他人以往建立的计算模型，经过反复推演、完善，刘昌明他们为海绵城市 LID（低影响开发）措施的设计和规划提供了技术工具。依据这个工具，也就是计算模型，就能够对透水铺装、绿色屋顶、下沉式绿地、生物滞留设施、渗透塘、渗井、湿塘、雨水湿地、蓄水池、雨水罐、调节池、植草沟、渗管、植被缓冲带、初期雨水弃流设施和人工土壤渗滤等，给出科学的设计规模和样式。这是海绵城市建设中的巨大突破，是一项长期造福人类的技术成果。

海绵城市建设方兴未艾，刘昌明他们的研究也在不断深入，逐步从宏观走向微观，走向对一个城市、一项工程的关注，并引导海绵城市建设产业逐步发展。

从刘昌明及其团队对海绵城市建设的研究可以感到，他对海绵城市建设抱有非常高的期望，认为海绵城市利用原始地形地貌存储雨水，充分发挥了植被、土壤、湿地等对水质的自然净化作用，使城市对雨水具有吸收和释放功能，能够弹性地适应环境变化和应对自然灾害。与新区建设、旧城改造以及棚改紧密相关，涉及房地产、道路、园林绿化、水体、市政基础设施建设等，能够有效拉动投资。

海绵城市建设的研究在于丰富水资源，改善水资源的质量，当刘昌明看到有的城市在海绵城市建设中成绩显著时，心中的喜悦不禁溢于言表。常德是全国首批海绵城市建设试点之一，经过水文学研究人员、政府和人民群众共同的努力，水患得到控制、臭水逐步治理、内涝大为缓解。刘昌明在为《南方典型海绵城市规划与建设——以常德市为例》一书的序言中欣然写道：“我去常德实地考察海绵城市建设，穿紫河由原来的臭水沟变成了城市中重要的生态景观文化带，河中鱼翔浅底，两岸植草沟、雨水花园随处可见，市民沿着步道散步，一派人与自然和谐共处的景象…… 我还考察了老西门，一个有 2000 多年历史的护城河在这次海绵城市建设中被重新恢复了，两岸按照历史建筑特色，修复了大量历史建筑，重拾文化记忆。

常德河街是参照历史上湘西大码头重建的，沈从文笔下的船也在穿紫河、河街重现。”

这些年来，刘昌明在雨水利用方面的研究连续不断，成果卓著，令人敬服，最为突出的便是“用高新技术开拓雨水利用的硬件系统”。这是在雨水资源利用方面最为实用，最为有效的成果。由于他的研究不断深入，切合城镇发展中雨水收集利用的需要，所以，他在80多岁高龄之后，依然经常被邀请去参加一些海绵城市建设的研讨会，作学术报告。对此，他只要有时间，一定欣然前往。因为，在他的心中有一个美好的憧憬，这也是国家的大目标：城市雨水收集利用，国家要不断地投资支持，到2030年，收集利用率要从现在的20%或30%，达到80%。可是，要达到这个目标，还有一些理念上认识上的问题要解决，有些技术还不成熟，有些过度的工程化与生态环境还存在着矛盾，无不影响着大目标的实现。他经常提醒自己，作为一个水文工作者，要为“雨水收集利用80%”这个鼓舞人心的目标再接再厉，去倡导，去呼吁，去引领。

由于他在雨水资源利用方面有所建树，被国际水文学界所看重，有些相关的学术研讨会就请他去参加。在欧洲和东南亚，类似的研讨会他参加过多次，即便是年过八旬之后仍然不辞辛劳地前往，为的是掌握国外的先进理念和先进技术，同时吸引更多的资深专家到中国来传经送宝，借他山之石以攻玉。

2000年，雨水收集利用的研讨会在尼泊尔召开，国际山地综合发展中心教授查理斯在介绍刘昌明的时候说：“刘先生是中国雨水利用之父。”

1992 年 3 月，刘昌明在日本参加雨水利用大会

1993 年，刘昌明因加强国际雨水利用研究合作，赴西藏参加“气候变化与全球变暖对山地、寒地和其他地区水文水资源的影响”拉萨国际学术讨论会

1995 年，参加第七届国际雨水利用大会

1998 年，参加雨水利用国际学术研讨会暨第二届全国雨水利用学术研讨会

2017 年 11 月 25 日，城市水文与海绵城市技术学术报告会在京师大厦召开

收获丰厚的“973”项目

“973”项目是一项关于国家兴衰的大工程，“黄河流域水资源演化规律与可再生性维持机理”的课题分量很重，所以刘昌明和他的团队在黄河流域进行了广泛的实地考察和案头分析，才有了可以一一细说，并引以为豪的诸多成果。

1997年3月，刘昌明在国外访问，却总惦着国内的一件大事——“973”项目。这是“国家重点基础研究发展计划”的俗称。

在他出国前十来天，科技部召集部分专家研讨如何推进“973”项目，邀请刘昌明参加。他非常愿意参加这样的会议，因为他早就听到了相关消息，希望借会议对“973”项目有更多的了解，以便争取到课题。可是，刘昌明偏偏在那个时间段已经另有安排。此前三个月，中国科学院决定，在1997年3月，由中国科学院副院长许志宏率团赴俄罗斯、白俄罗斯和捷克访问，签署技术交流、合作的协议。刘昌明被特意安排随团去。他对这次访问也是比较看重，因为他了解这些国家的水文学研究比较超前，尤其是俄罗斯，值得去考察学习，为此做了不少案头工作。

接到开会的通知后，刘昌明左右为难，只得向科技部讲明了情况，科技部执意让他退掉机票，他就给许志宏副院长讲了，但因为已经把名单报告给访问国，不能更改，他只好放弃参会的打算。

访问回国后，他赶紧到科技部问询详细情况，此时才具体地了解到，“973”项目是党中央、国务院为加强我国基础研究做出的重大决策，有明确的国家目标，对国家发展和科学技术进步具有全局性和带动性，旨在解决国家战略需求中的重大科学问题，以及对人类认识世界将会起到重要作用的科学前沿问题，提升我国基础研究自主创新能力，为国民经济和社会可持续发展提供科学基础，为未来高新技术的形成提供源头创新。研究要围绕农业、能源、信息、资源环境、人口与健康、材料、综合交叉与重要科学前沿等领域进行。

不久，科技部下发文件，向全国征集“973”项目的课题申报。刘昌明在以往的水文学研究中，本人或带领团队，多次获得国家级、省部级科技类奖项，认为有能力带领团队完成某个方向的研究，因此，他决定申报“黄河流域水资源演化规律与可再生性维持机理”的课题。

刘昌明之所以寄情于此项研究，与他以往研究的大方向有关，尤其与他在十几年前的一次国际合作有关，那也是关于黄河流域的研究。

刘昌明因在美国参加水文学方面的研讨会，认识了美国著名水文学家吉尔伯特·怀特。吉尔伯特·怀特在1942年发表的《调整人与洪水的关系》曾经产生巨大的影响，奠定了这位青年才俊在业内的基础。后来，他主要从事洪水研究，成绩卓著，成为一代泰斗，被聘为美国国家科学院、美国艺术与科学院、俄罗斯科学院院士。在20世纪70年代末80年代初，联合国为研究全球气候变化，聘请了三位在世界范围有影响的专家，他是其中的一位。2000年，他被授予美国国家科学奖。

刘昌明从美国回来之后那几年，正是我国黄河频繁断流，国家逐步加强黄河治理的时候。所以，他就通过中国科学院，邀请吉尔伯特·怀特到中国来做学术访问，共同探讨黄河治理的问题。1984年9月，吉尔伯特·怀特来到中国，在郑州停留一段时间之后，溯黄河而上，直到西安。在一个多月的时间里，他在刘昌明的陪同下考察了黄河流域的水资源情况，并给出了一些解决黄河断流的建议。

刘昌明作为陪同人员，也是吉尔伯特·怀特的翻译。因为二人的研究方向基本一致，有着很多共同的话题，结伴而行，促膝交谈，相处得十分融洽。何况，那时候刘昌明的英语水平已经十分出色，能够把吉尔伯特•怀特所作的学术报告准确地翻译出来，令他非常满意，欣赏之情，自不待言。

吉尔伯特•怀特是美国芝加哥大学毕业。在西安大学，他遇到了曾经到美国芝加哥大学留学的教授王承祖，二人相谈甚欢。尤其是听到王承祖称赞他的学术报告做得好，刘昌明翻译得也好，心情更加舒畅，对刘昌明的印象好上加好，增进了彼此的友谊，视为忘年交，对以后的合作是一个铺垫。

在那次考察中，刘昌明感到，吉尔伯特•怀特在考察中，尤其是在作学术报告的时候，反复讲到气候变化对全球的影响，人类活动对全球的影响，具有难得的前瞻性，对于这方面尚显不足的中国来说，是一种传播，一种倡导，一种推动，对启迪中国在这方面的研究不无裨益。所以，分别的时候，刘昌明希望他再来中国考察，更广泛地传播他的理念，吉尔伯特•怀特爽快地答应了。

第二年，吉尔伯特•怀特就在美国的基金会争取到了黄河研究的基金，但因为要事在身，不能亲自来，就安排他的学生布拉希与十几位专家前来。这个项目由中国科学院和美国自然科学基金会共同来做。

经过一段时间的考察、收集资料，中外专家在郑州召开了关于黄河治理的研讨会。这是一次高质量的研讨会，专家们各抒己见，对黄河治理提出了种种对策。之后，编撰了这次研讨会的英文版论文集《黄河治理》。刘昌明承担了主要的编撰工作。这部论文集，在国内外非常受关注，对黄河治理有一定的指导性，对国外一些河流的治理也有借鉴意义。

这次“973”项目牵动着科学界千万人的心，水文学界亦然，申报此项目的几个团队，皆为高等学府或国家级科研单位的人员，其中不乏被视为大有可能夺魁的团队。外界的呼声传到地理研究所，有人担心刘昌明的团队“没戏”，白白浪费申报名额，所以对刘昌明团队的申报不无微词，并有人当面劝其放弃。如此的兜头冷水，挑战着刘昌明的自信心和自尊心，使得他心里很不舒服。当时，他还担任着北京师范大学资源与环境学院院长，有条件另辟蹊径，便从北京师范大学这个途径上报了。结果，刘昌明的团队胜出。

这个时候，科技部统管项目工作的一位司长与刘昌明沟通：“其他一些团队的人，因为申报的课题没有获批，想加入到您的课题组来。您看，能接受吗？”

他讲了想过来的一些人，刘昌明无不了解，觉得那些人的研究方向与他们团队一些人的研究方向接近，容易“撞车”。不过，他又想，如果作为负责人的他科学调整，细心排兵布阵，也能用其所长。所以，他痛快地回答说：“没有什么不能接受的，来吧，大家一起做。”

刘昌明虽然有自己的学术观点，却从无门户之见，以往跟国内外很多专家、技术人员的合作，历来配合得默契，工作得愉快。这次，依然展示出他搞“五湖四海”的品质。这“五湖四海”，是业内熟悉刘昌明为人者，对他善于与人相处的基本评价。

刘昌明团队的研究具有很强的针对性。黄河流域大部分属于干旱或半干旱地区，水资源条件先天不足，生态环境脆弱。曾经日夜奔腾咆哮的黄河，在 1972 年之后，下游频繁断流，荒凉苍茫。进入 20 世纪 90 年代，几乎年年断流，有的则是大风天气里，黄沙席卷，遮天蔽日。沙因水流，少水则沙沉，无水则沙积，黄河的淤沙在聚集，河道在升高，已经成为名扬世界且洪水危害难料的“悬河”。专家们不断给出警告：黄河流域生态恶化的问题，突出表现在黄土高原地区水土流失、干支流的水污染和下游断流。

前景骇人，治理当紧，所以，刘昌明团队的研究就是为了黄河水资源不枯竭，黄河水不断流，黄河流域的生态好转，万物生机勃发。

刘昌明为项目的首席科学家，团队人才济济：林学钰，长春地质学院副院长、长春地质学院应用水文地质研究所所长，中国科学院地学部院士，当时兼职于北京师范大学；陈效国，水利部黄河水利委员会总工程师、副主任、设计院院长；宫辉力，北京大学遥感所博士后、三维信息获取与应用教育部重点实验室主任、空间信息技术教育部工程研究中心主任、国家城市环境污染控制工程技术研究中心 - 环境生态过程分中心主任；胡春宏，清华大学水利系博士研究生，就职于中国水利水电科学研究院泥沙研究所，主攻河流泥沙研究，当时已经有多个研究项目或论文，获得国家级或部级奖励；王光谦，清华大学水利系博士研究生，曾在中国科学院力学研究所博士后流动站工作，获得过国家杰出青年科学基金资助；倪晋仁，清华大学博士后，曾在北京大学城市与环境学系任教，获得过国家自然科学基金委优秀中青年人才专项基金，创办了北京大学环境工程研究所，主持中国第一个工程环境监察审核项目，并获得国家杰出青年科学基金资助；王浩，清华大学水利工程系博士研究生，为中国水科院水资源所工程师、室主任……

中国科学院地理科学与资源研究所、中国水利水电科学研究院水资源研究所、黄河水利委员会、黄河水利委员会勘测规划设计研究院、清华大学、北京大学、北京师范大学、首都师范大学、武汉大学、长安大学等单位的领衔研究人员有 80 多名，一些学校相关专业的学生也参与其中。

那时候，“强强联合”这句话非常流行，了解刘昌明团队组成人员的业内人士曾经对他开玩笑：“你这里也是强强联合。你是这个项目的首席科学家，可不是一般的‘草头王’啊，是高级别正规军的司令！”

他体会到了荣幸，同时感到了压力。

“开始，有人担心你没戏，这回可是将令在握了。”知道申报内情的人，安慰中流露出顾虑，“开弓没有回头箭，不管遇到什么困难，都要坚决克服，干就要干出个名堂。在别人眼里，你们是兵强马壮，这出戏可要唱好哇！”

刘昌明的心情很复杂，暗暗提醒自己要扮好“领衔主演”的角色。当然，不是为了让有的人看到“有戏”，那个思维太狭隘，而是让研究的成果能造福人民。他有远大的目标，便有无尽的动力。

“既然是强强联合，我们就一定表现出强者风范，每一个子课题，每一个人都要做好自己分管的事情。”刘昌明非常看重这个项目，不止一次对参与者这样讲。之所以如此，是因为在他看来，这不仅是一个划拨资金3600万元的大项目，而且这个项目关乎着母亲河的未来，关乎着黄河流域近80万平方公里上一亿多人口的生存。

从接到项目那一天起，他每时每刻都感到重任在肩。他极其兴奋地指导着此项研究，不知疲倦地投入此项研究。之所以能如此，是因为他的性情使然，兴趣使然，责任心使然。他的学生了解他，对他的性情和责任感有着具体的感受：只要有研究的任务，沉浸其中，他就情绪兴奋，精神集中，思维敏捷，体力充沛，几乎到了忘忧忘我的程度。可是，一旦没有挑战性的研究项目，虽然时间短暂，他往往会表现出萎靡不振、丢三落四，与有研究项目时判若两人。有人曾经陪他到瑞士做水文方面的学术交流，工作的那几天，虽然宵衣旰食，马不停蹄，他却精神抖擞，毫无倦态。可是，后来安排去游览风光，他就没有原来那般活跃了，反应也迟钝了，一些事情必须他人提醒才能不出纰漏。

这次的课题，是他从事水文学以来，担任项目首席科学家所指导的最大规模的研究。所涉及的方面广，各种资料不充分，不可预见的因素多，困难重重，责任重大，自然会使他激情满腔，夜以继日地投入工作，调动起每一个子课题负责人的积极性，把握好研究的每一个环节。

这次的研究共分为 8 个子课题，总体思路是针对黄河出现的水资源危机形成原因、演化规律进行深入分析，探索黄河水资源如何才能够可更新和可再生。刘昌明亲自担任了第一个子课题的组长，主要是研究水的演化。

4 年间，他们在水资源二元演化模型的基础上，以可再生性维持理论为指导，以多维临界综合调控为手段，提供了黄河流域水资源可持续利用的路径。同时，深入揭示水沙过程变异机理、河道萎缩机理及小水大灾形成机理，提出恢复流域生态环境和河道行洪能力的措施，为缓解黄河水危机、维护生态环境和防治洪水灾害，提供了 21 世纪初叶治黄应用的理论依据。

2003 年，刘昌明在一次题为《保护母亲河　缓解黄河水危机》的演讲中总结了项目取得的阶段性的进展与突破：

（1）从水循环变化规律的角度出发，对黄河流域产汇流的机制进行了研究，新发现了一系列水循环规律。首次将不同尺度的分布式水文模型成功地应用于黄河流域，在洪水预报和水资源评价方面起到了重要作用。此外，利用 3S 技术定量研究黄河水文循环的主要因素，并对相关的遥感资料进行了解析。

（2）完善了水循环转化的二元模型。从无人类活动的主循环发展到人类活动利用的侧支循环，并将两者动态耦合。然后，应用该模型进行水资源开发利用与评价，从水资源的有效性、可控性、再生性的角度来评价水资源，提出未来不同水平年黄河水资源的合理配置，对黄河水资源的开发利用提供了理论根据。

（3）提出黄河功能性断流和水资源转化结构的概念，并创建了相关理论体系和评价方法，对黄河下游河流输沙用水与生态环境需水之间的关系、黄河水系的氮污染与流域经济发展的关系都进行了分析研究，并提出了一系列适应于黄河多泥沙特点的水质监测技术和表征方法，从而对黄河下游的生态环境保护提供了有效的方法和措施。

（4）初步建立了植被 - 侵蚀动力学理论，并运用黄土高原的资料进行了验证。研究了人类活动对流域侵蚀—搬运—堆积的影响机理，分析了黄河水沙变异的基本特点以及水沙变异后下游河道及河口的复杂响应。建立了研究萎缩性河道演变机理的物理模型以及黄河下游河道动力平衡机制的数学模型，并进行了相关的试验与分析，由此得到了不同水沙组合的临界阈值，为黄河的泥沙治理提供了科学依据。

（5）建立了黄河流域水资源再生性评价体系，研究并计算了全流域及其支流的河道、湿地和河口的生态环境需水量，在阈值上给出最小生态需水量和最大可利用值，对维持黄河流域的生态系统健康具有重要意义。同时，结合黄河流域的土壤类型，提出面源污染的系统研究方法，分别在黄河下游的洛河流域及黄河源区开展面源污染的模拟与预测，为治理黄河断流及面源污染等提供了理论根据。

（6）对黄河流域的地下水资源进行了计算，建立了地下水的输水模型；通过对变异条件下的地下水的演变规律研究，得出地下水可持续开发和利用的合理途径，并对维持黄河下游的地下水生态开采的最大阈值进行了估算，对地下水的保护和开发利用具有重要的指导意义。

（7）完成黄河水量调度系统，并已投入实际应用；将水资源、经济和管理三者合在一起，建立了融三者为一体的大型模型，将其应用于流域水资源配置动力研究、南水北调西线工程对黄河水资源配置的影响研究及黄河年度水量调度方案制订工作的应用研究。初步建立了黄河干流唐乃亥至利津全长 3845 公里河段内水利学和泥沙数学模型，用实测资料对模型进行了论证，并进一步论证了大宁河引江济汉补水方案的必要性，使黄河的水量调度更具有科学性和合理性。

（8）建立了水资源多维临界调控模型、耗散模型，提出有序判断的理论。研究了水资源多维临界调控模型的求解方法，并进行了调控方案的分析计算。对水资源分配方案进行确定性评价和不确定性评价，在此基础上提出了 2010 年黄河流域水资源可再生性维持对策。该调控方案是一个综合集成的系统工程研究，涵盖了黄河水问题的所有方面，对黄河的整体管理具有关键的作用。

“973”项目是一项关于国家兴衰的大工程，“黄河流域水资源演化规律与可再生性维持机理”的课题分量很重，所以刘昌明和他的团队在黄河流域进行了广泛的实地考察和案头分析，才有了可以一一细说并引以为豪的诸多成果。

所以，刘昌明可以自信地向外界宣布：“以上进展和突破都与黄河水利委员会的流域管理实践紧密结合，具有理论和实践相结合的特点”。

当时，在此课题的支持下，已经完成的学术论文有 500 余篇，400 余篇已在国内外学术刊物上发表，其中在国外 SCI 原刊上发表的论文 40 余篇，出版专著 10 余部，培养博士后、博士和硕士研究生共 200 余人。到 2006 年，各个子课题都有专著出版，有的子课题成果还不止一本专著。

“黄河流域水资源演化规律与可再生性维持机理”课题的验收是在 2004 年 9 月。当时有主流媒体报道：“由项目首席科学家、中国科学院院士刘昌明任组长，陈志恺等多名院士及教育部、水利部管理专家等组成的课题验收专家组，全面听取了各课题负责人及骨干的汇报，审议了课题总结报告，对各课题计划任务完成情况、研究成果的水平及创新性、课题对项目总体目标的贡献、研究队伍创新能力、人才培养情况以及数据共享与数据汇交情况等作出了积极评价。”

验收小组专家认为，按照任务书的总体要求，8个子课题均出色地完成研究任务，总体评价为优秀。课题获得了一大批具有原创价值的重大理论和实践的成果，纷纷著书立说，纷纷获得奖项，不仅在国内获奖，有的还得了国际奖。同时，培养和锻炼了大批人才，“不少研究人员已成长为国内水文、水资源、泥沙、气象等学科研究的骨干。”

何止如此，由于“973”项目非同寻常，影响极大，业内有人用“品牌”来形容，但凡由此项目获得的研究成果，对参与者的进步不无产生积极的影响。“黄河流域水资源演化规律与可再生性维持机理”课题的8位子课题负责人，除一名原来是院士，一名担任行政要职外，在课题验收后的9年内，其余6位，全部被推选为中国工程院院士或中国科学院院士。

科技部对刘昌明在“973”项目中的贡献给予肯定，在项目验收的当年为其颁发“国家重点基础研究发展计划（973计划）先进个人”荣誉证书。

1998年，撰写“973”项目申报材料时的合影

2000年10月，刘昌明带领“973”项目组成员考察黄河，在小浪底水库坝上合影（左起：吴险峰、郑红星、王西琴、傅国斌、刘昌明、王会肖、郝芳华、郭乔羽、李丽娟）

2004年，《国家重点基础研究发展规划》项目——“黄河流域水资源演化规律与可再生性维持机理”课题验收会

荣誉证书

授予：刘昌明同志

国家重点基础研究发展计划（973计划）先进个人。

中华人民共和国科学技术部

二OO四年十一月

2004 年，获国家重点基础研究发展计划（973 计划）先进个人

2019 年，黄河高峰论坛合影

领先世界的水文水资源模拟系统

刘昌明一直有一个观点，即一门学科要成为科学，就要通过计算做出预测，通过试验做出预测。

2008 年，《中国科学》杂志刊登了刘昌明等人撰写的文章《HIMS 系统及其定制模型的开发与应用》。编者所作的文章摘要写道：作者从水资源研究的需要出发，广泛参考国内外有关水文建模的经验，立足自主开发，建立了一种具有多种功能的水文水资源模拟系统（HydroInformatic Modeling System，HIMS）。该系统已取得多项国家版权局的软件著作权，结合国家“973”项目对黄河的研究，进行了具体的研发和应用，已取得实用性的成果。

这是“973”项目研究中的重要技术成果。

研究复杂的水问题，实现水资源可持续开发、规划、管理，就必须研究水循环机理。这样的研究，是刘昌明多年做径流、洪水、水转化研究的一个承袭，有着坚实的基础。其具体的内容包括了大气降水、截留、融雪、蒸(散)发、下渗、产流(地表径流、壤中流、地下径流)、坡面汇流、水库(湖泊)调蓄和河道汇流等九大水循环过程与水量转化。

刘昌明一直有一个观点，即一门学科要成为科学，就要通过计算做出预测，通过试验做出预测。而且，这种计算、试验的结果要经得起时间的考验，即便过去了很多年，测算的方式先进了，试验的手段丰富了，还能证明其正确，理论上是成立的，这才能说明掌握了事物发展的机理。因此，他对研究中的计算、试验十分重视，总希望有所突破。

刘昌明和“黄河流域水资源演化规律与可再生性维持机理”课题组的

成员在研究初始就认识到，水循环大系统的研究极为复杂，举步维艰，乃中外很多水文学家所渴望攀登的高峰。其原因在于难以综合考虑“水与气候”“水与生态”“水与社会”“水与经济”等多种过程的联系，以及它们对水的作用。由于洞察不深，把控的依据不充分，导致对水文水资源的许多管理与规划顾此失彼，利弊胶着，其制约着经济社会的发展的魔力，令人无可奈何。

在过去的几十年中，刘昌明在研究小流域暴雨洪水的时候就在研究径流的形成机理。他曾经通俗地与人们讨论说：“下雨了，河里的水就上涨，看起来很简单。但是，下多大的雨，河水会涨多少？速度有多快？必须要精确地研究，才能得出符合实际的结论。在不同的自然环境里，即便是下同样大的雨，导致河水上涨的多少和速度也是不一样的。比如，降雨量为100毫米，能形成多大径流？这个计算出来可复杂了。因为不同的地表，有的种菜，有的种树，有的种草，有的什么都不种，有的是房屋，有的是马路，它们不一样。要弄清楚不同地表降雨量与径流的关系，必须研究形成的过程和机理。”

他还在介绍“973”项目时谈道：“这些年，我一直研究水的可再生性和再生性的机理，想弄清楚水量的形成和演化。在‘973’项目中，我具体负责研究的第一个子课题，就是依据黄河流域，探索水的可再生性和再生性的机理。具体地说，就是研究黄河的水，从古到今，从西到东，有的地方从北到南，在时间和空间上，它是怎样的一个形成过程，有怎样的变化过程，影响变化的因素有哪些？掌握了这些因素，就可以推测水的变化，可以实现预报。实现了预报，才能真正算得上是一门学问，不然，就不够格，谈不上什么学问。学问的形成过程，就是求证不断精确的过程，这依赖于一个计算的过程，需要一个模板，其实就是一个模型。这个模型，是在不断探索中逐渐完善而形成。HIMS 系统的建立，就是一个阶段的研究成果。我的学生王中根、郑红星，还有其他几位，在这个系统的形成过程中，都发挥了自己的聪明才智。”

刘昌明他们在有关文章中更加系统地谈到了建立 HIMS 系统的初衷：针对国内在水循环综合集成研究方面的不足，研发大型的水循环综合模拟系统。这个系统包括分布式与集总式模拟，能满足不同时空尺度和适应不同自然与人文环境的模拟，为流域水资源科学评价、合理利用和有效保护提供重要的技术支撑平台。而且，定位在国际先进水平。

研究一开始，他们就借助了我国有自主知识产权的遥感 (RS) 与地理信息系统（GIS），其模型库包含了流域水循环九大过程，集成 110 多个模型、涉及 600 多个参数。如此，HIMS 系统就有了多种功能，无论水文数据是来自水文部门，还是来自气象部门，不管是充分的数据，还是欠充分的数据，HIMS 系统都可以在不同的地域、不同的环境中，根据收集到的数据进行水资源管理、洪水预报，弄明白污染与侵蚀的状况，根据气候变化提出有的放矢的对策。

HIMS 系统能够综合运用遥感（ RS ）、地理信息系统 （GIS ）、全球定位系统（ GPS ）、网络技术、多媒体及虚拟现实等现代高新技术对所研究流域的地理环境、自然资源、生态环境、人文景观、社会和经济状态等各种信息进行采集和数字化管理。 并且，不同的用户，可根据水文特性和研究的问题，从其中选择“模块”，“组装”成新的模型，以便完成自己所需的研究结果。这一点，便是“私人订制”，操作并不复杂，却具有很强的实用性。

本来，这是主要用于径流模拟的，但其中的模块可以像玩积木那样随心所欲地组合，集成为泥沙、水质、生态、农业等其他专业通用模型，其应用范围就扩展了。

他们在“973”项目结束后继续做试验，定制了小时、日、月等 3 个不同尺度的水文模型，在洛河上游卢氏水文站以上、泾河、无定河以及潮白河等流域取得了较为成功的应用。研究表明了 HIMS 系统的灵活性及较为广泛的适应性，有助于解决不同尺度的水文过程模拟难题。

他们具体地讲道，小时尺度模型选择在黄河小浪底至花园口区间的洛河上游卢氏水文站以上流域。这里是黄河流域土石山林区的典型代表区，处于亚热带和暖温带的过渡地带。根据 1970 —1990 年实测的 43 场暴雨洪水资料，进行降水径流过程模拟，结果表明，洪峰流量误差、净雨模拟误差都很小，可以选择这个模型来进行洪水预报研究。

他们继续讲道，日尺度模型选在泾河流域 。这里地处黄土高原麻黄山地区，属于强侵蚀区。这次主要进行潜在蒸散发的计算，以求逐日的潜在蒸发和实际蒸发、冠层截留、产流量、土壤含水量以及各个子流域出口断面的流量过程。他们利用 1990 年水文气象资料，进行逐日的分布式降水径流过程模拟，结果也非常接近实测的数据，并能够得到径流系数和产流的空间分布，为流域水资源规划与管理提供技术支撑。

他们在无定河流域继续试验。无定河是黄河中游河口镇至龙门区间最大的一条支流，发源于靖边、定边、吴旗三县交界处的白于山，其流域属于大陆性干旱半干旱气候。这里的土壤有着特殊的类型，由于雨滴的打击，土壤表层趋于密实，同时一些土壤细颗粒随着水分的入渗，逐渐填塞表层土壤空隙，形成淋入层，从而形成表层土壤结皮。这仿佛是给土地铺了一层胶质的厚布，阻碍降雨的入渗，造成产流量的增加。利用 HIMS 系统进行计算时，考虑到土壤结皮对降雨入渗、坡面径流、土壤水分运动的水量转化的影响，就使得降雨径流的模拟更能真实地刻画流域的产汇流规律，给出了无定河流域不同水平年的日过程水文模拟结果，与实测值有较好的一致性。

月尺度模型选择潮白河上游流域为研究区。这一带，五分之四的面积位于河北省承德和张家口辖区，五分之一的面积在北京市行政区，气候上属于中温带向暖温带过渡、半干旱向半湿润过渡的大陆性季风气候。他们基于 HIMS 定制的月尺度水文模型，针对潮白河上游流域不同水平年的水文过程进行模拟，结果同样较好地反映了流域平水年和枯水年的月水文过程。

这类模拟，还在长江流域、黑龙江流域、珠江流域、澜沧江流域、松花江流域做了验证，其结果是每一地都令人满意。

一个接一个高质量的试验结果令刘昌明和研究人员比无兴奋，因为，这足以说明 HIMS 系统可以测算黄河流域或黄河流域的某一段，在干旱或洪涝的年份能产生多大的径流，会对所经流域产生哪些影响，精确地分析出黄河流域水资源的演化规律，为水资源的循环利用提供策略。同时，能为各种区域的降雨、径流、蒸发、渗水等进行推算，为水资源利用管理提供帮助。

后来，刘昌明和王中根、郑红星借到澳大利亚进行学术交流的机会，对 HIMS 系统模拟的准确性进行检验，同样得到了令人满意的结果。

澳大利亚的 331 个流域测站，每个测站约有 50 年的实测记录，包含着 500 多万个日流量与降水的实测数据。使用这些数据检验采用 HIMS 系统定制的降水径流模型的模拟效果，经过与澳大利亚用于全国水资源评价选定的 SIMHYD 模型作初步对比分析，显示两个模型模拟趋势基本一致，HIMS 模型效率系数 (平均 0.68) 稍高于 SIMHYD 模型 (平均 0.55)，也就是说 HIMS 系统模拟出的结果，更接近实际存在。

2008 年，刘昌明到美国做学术交流，有机会用 HIMS 模型对加州的水资源相关问题进行计算，其精度与当地水文观察站实测的情况极为接近。

刘昌明他们最早撰写有关 HIMS 系统的文章是在 2008 年，距离“黄河流域水资源演化规律与可再生维持机理”的课题验收已经过去了 4 年，这也是经过多次检验 HIMS 系统的 4 年，因此，他们敢于向外界公布：HIMS 系统是一个大型水循环综合模拟系统，其自主开发的多个软件已获得我国软件著作权，与国外同类产品相比，其运算较快，应用比较灵活，实用性强，模拟精度较高（平均模型效率系数为 0.68），能够满足水循环模拟科学研究与水资源管理应用的需要。其为泥沙、水污染、生态、水经济等多领域的集成研究初步开拓了途径，为科研与管理部门解决复杂的水资源问题提供了一种有效的技术工具。

如今，距离 HIMS 系统研发已经过去了 20 余年。其间，刘昌明与合作的研发人员一直在做着完善、使用与推广工作。打开网络，可以看到很多有关运用 HIMS 系统的报道，以及使用 HIMS 系统解决水文水资源问题的案例。这些，足可以让人们认识 HIMS 系统的非同一般了。

为人师表

“我和学生之间的关系，首先是看成朋友，看成朋友就能够平等相处，不会盛气凌人。第二是当成战友，一起做项目，在攻克学术难关的过程中并肩作战。第三个才是师生，老师就是要帮助学生多学知识，提高业务能力。”

2021年5月，刘昌明与儿子刘鹏共同出资，成立了“刘昌明水科学发展基金”。

在基金捐赠仪式上，刘昌明动情地讲道：人才是国家发展的关键，只有人才队伍强大，国家才能强大。设立“刘昌明水科学发展基金”，将用于支持水科学学科的人才培养与学科发展，希望为国家培养更多的水科学学科人才。

十几年前，刘昌明已经设立过奖学金。2006年8月，刘昌明获得河北省委、省政府颁发的院士突出贡献奖，奖金为50万元。他把其中的20万给了南皮试验站，用作水盐平衡、水沙平衡、水量平衡等项研究的经费。其余的30万元，设立“昌明奖学金”。

从2011年开始，“昌明奖学金”做了一个非常详细的规程，设两名特等奖，两名优秀奖，特等奖里边一名博士，一名硕士，优秀奖里边一名博士，一名硕士，一年奖励4个学生。

每次颁奖，刘昌明都亲自前往。有时候，负责学生工作的同志担心他年纪大了，专程从北京到石家庄来颁奖不合适，颁奖之前总要与他商定时间，希望他顺便的时候来最好。他却说：“给学生们颁奖的事情是大事，你们什么时候安排，我就什么时候过去。”

他之所以“专程前往”，是希望把颁奖的过程做得严肃些、庄重些，营造一种令人难忘的仪式氛围，使那些获奖的学生有较强的荣誉感，自我鞭策，学业有成；让没有获奖的学生有所触动，见贤思齐。2020年和2021年，他因为疫情不能到场，坚持通过视频来颁奖，以强调他对这个过程的重视。

十几年来，在颁奖的过程中，刘昌明讲过很多鼓励的话，反反复复讲的总有那么一句话："你们要成为人才！"

这简单的一句话，朴实无华，却令人深思，学生们会有各种各样的感悟。因为，人才的标准可以有无数的解释。这句话既是起码的要求，也是非不懈努力难以企及的目标。其实，在他的心里，仅有一个想法，希望学生学有所成，能在祖国需要的地方贡献自己的聪明才智。

"能在祖国需要的地方贡献自己的聪明才智"，是刘昌明始终如一的期望。他有所思，必有所行，在培养学生的过程中，也通过各种方式力求达到这个目的。他从自己带学生的过程，和其他人带学生的过程中感到，要想让学生学有所用，必要的一条是给学生一个成才的平台，这个平台就是与所学专业一致或相近的工作岗位。在他看来，老师的教育，仅仅是为学生成才做了必要的引导，真正的有所作为是在后来的工作中。如果没有施展才能的岗位，英雄则无用武之地。

每一次，刘昌明从接纳学生那天起就考虑着他们的用武之地。所以，在有些项目的研究中，要同地方有关部门打交道，倘若学生可以完成的事情，他一定安排学生去接洽沟通，以便使这些单位对学生有更多的了解，那么，在学生找工作的时候，他往那个单位推荐就方便多了。同样，为了让学生以优异的一面示人，在研究成果形成报告或见诸报刊、出版书籍的时候，他也尽可能把学生的名字放在前边。

在与日本、澳大利亚、美国等国家的项目合作或学术交流中，刘昌明也有意识地让学生多参与。他的很多学生，因为有这样的机会，或是到国外进修，或是在国外有几年的工作经历，业务能力得到了有力地提升，而后成为某一方面的专家，或是成为研究生导师。

刘昌明从带学生一开始就为学生的未来考虑，是因为有过几次令他惋惜的经历。他在项目研究中，接触过一些其他老师带的学生，那些学生聪敏好学，成绩优秀，确为可塑之才。可是，由于种种原因，导师却不能给学生推荐一个合适的工作。学生满腹学问却无人问津，心中甚是苦恼，便来找刘昌明诉说，希望他帮助找个合适的工作。刘昌明一向爱才若渴，且看到学生那种无助的样子，心生怜惜之意，一定会尽心尽力去帮助他们。当他看到那些学生在中意的工作岗位上尽情地展示才华，为祖国做出优异的成绩时，他就会感到无限快慰。正是因为类似经历，他才特别留意为自己的学生寻找好的工作岗位。

刘昌明在人才培养上，有着自己的见解和行为方式，虽有授业解惑之责，却不以此自居，并没有把自己在培养人才方面的作用看得多重。他常讲："老师和学生是个互相学习的关系，老师教学生，是知识的传授；学生向老师请教，也是促使老师学习，不然就难以诲人。老师的作用，主要在于引路，促使学生努力。"他还说："我和学生之间的关系，首先是看成朋友，看成朋友就能够平等相处，不会盛气凌人。第二是当成战友，一起做项目，在攻克学术难关的过程中并肩作战。第三个才是师生，老师就是要帮助学生多学知识，提高业务能力。"

在他带学生的时候，总会设定一两个研究的课题，做一些试验。那些课题的研究思路和试验方式由他来设定。可是，如果发现试验方式与课题的思路不太适合时，他不待学生提出，自己便会主动修正，其实是勇敢地否定自己。在关于水蒸发的研究中，他发现由于大量地建设水库，水面在不断扩展，水的蒸发量大大增加。他就想到能否把光伏发电的吸收板建在水库上，减少太阳对水面的直接照射。这需要做一些试验，他也设想了试验方式。可是，在他带学生到一个建在水边的光伏发电厂参观之后，发现了自己设计的试验方式不切合实际，便与他人共同商量，对试验方式做了修改。

他的学生回忆起与之类似的事情时，总会众口一词：身为中科院院士，博士生导师，这种能够否定自己的勇气、精神着实令人感佩。

回忆起师生相处，学生们说道："刘先生经常对做试验的学生和观测的工人说，你们做某个方面的试验，操作起来比我有经验，在你们面前，我的确就是个小学生。"他还经常强调："我过去写文章引用的数据，试验得出的数据，受资料数量和覆盖面的影响，也受试验手段和试验仪器的局限，不一定完全精准。你们在做试验和研究历史资料的时候，如果有新的结论就大胆提出来，不要认为和我的提法不一致就不敢说。科学理论总是在肯定和否定中提升的，我们都不能害怕否定自己。"

有一年，刘先生的学生沈彦俊在栾城站做农田水分蒸发的研究，用的是大型蒸渗仪。他经过几年时间的试验，得出了结果，认为一般年份蒸发量在 800 毫米，多的时候达 900 毫米。他把试验结果写进了论文，请刘昌明审阅。刘昌明对华北平原农田水分的蒸发量有过研究，他印象中的数据与沈彦俊的试验结果有差距。但是，他没有武断地否定，而是说："我觉得这个数字大了些，你们是不是再推敲一下，看看有没有计算错误。"

沈彦俊给在栾城站做过同类试验和研究的人打电话询问，没有得到确切的答复。考虑到这种大型的蒸渗仪先于栾城站而在禹城试验站建立，设计、安装的技术人员有经验，参与试验的人员也熟悉观测与计算的过程，沈彦俊又向他们请教，几个人有着种种推测，也没有给出一个令人由衷信服的答案。这件事情就暂时搁置了。

后来，日本专家在禹城站用比较先进的仪器做农田水分蒸发试验，测得的结果也没有沈彦俊所说的那么高。沈彦俊自认为试验、观测、计算过程无不严谨，不应该出现数字悬殊的结果。心中的疑惑不能释然，他又请中国科学院地理研究所的技术人员通过模型来模拟，同样得不出那么高的蒸发量。

几年过去了，沈彦俊已经开始带研究生了，他又让自己的学生去做类似的试验。学生们提供的结果是，在同一块地里，如果在4月之前，太阳光不太强烈的时候，或是阴天的时候，蒸渗仪那里的水分蒸发量与其他地方相近；4月之后太阳光强烈，若是晴天烈日则蒸发量相差很大，阴天则不明显。

这回，他们开始跳出试验本身找原因，总算找到了问题的原因！原来，蒸渗仪观察室有一方形的入口，其上有一个白铁皮做的盖子，大约一米见方。若在太阳光强烈的日子，就会反射强光，晒得烫手，散发着灼人的热量，当然就影响了蒸渗仪周围的小气候，气温升高，增加了水分的蒸发。

沈彦俊把这一困扰几年的问题告诉了刘昌明，刘昌明没有半句批评，反而给予表扬，称赞沈彦俊对待试验的严谨态度。

带研究生，授课、指导试验、批阅论文，或处理其他一些事情，导师总要拿出一定的时间，因此或多或少影响自己专业的研究。有的人因为嫌“麻烦”，对带研究生兴趣不浓。刘昌明却不然，他的观念是：“搞研究是为国家做贡献，带研究生同样是为国家做贡献，是把一个人的力量转化为更多人的力量，贡献更大，应该多花费些心血才是。”

如此认识，是一种巨大的精神力量，几十年来使得他热情不减，研究生带了一批又一批。而且，对每一个学生都是循循善诱，谆谆教诲，一丝不苟。这种令人敬仰的师德，表现在带学生的每一个环节，尤其体现在论文的撰写上。他认为，论文的写作体现着一个学生对试验理解的深浅、对历史资料掌握的多寡、对现场勘查关注的粗细，尤其能从论述的逻辑严谨与否、使用的方法科学与否，反映出学生的世界观和方法论。见微知著，不能不认真对待。

对学生的论文，他无论多么忙，都会专心地阅读，耐心地指导，用心地修改。他的学生回忆说："20 世纪 90 年代初，电脑还不普及，学生的论文写在本子上，他就在本子上改。一个字一个字地推敲，认真得很！"

现任南皮试验站站长的孙宏勇在2000—2007年跟随刘昌明硕博连读。他回忆起自己的毕业论文撰写，自然就想起老师的关爱。

那是 2003 年仲春的一天，他在栾城站做试验，刘昌明来电话，谈起他的论文修改。他以为刘昌明简单嘱咐几句就完了，没想到老师在电话的那一端拿着他的论文在讲，是一部分接一部分地讲。大约讲了有十几分钟的时候，孙宏勇不忍心听下去了，因为那时候电话费还很贵，从北京打电话到栾城属于长途，老师用自己家的电话打，费用自掏腰包。孙宏勇不想让刘昌明再讲下去，趁他停顿的片刻，委婉地说，等老师到石家庄的时候再讲吧。刘昌明听出了他的弦外之音，便直接说，自己一直很忙，不知道什么时间能碰面，为了不耽误论文的写作，还是在电话里讲好。

刘昌明继续讲下去，孙宏勇几次提醒他以后再讲，都被他回绝了。那个下午，孙宏勇终生难忘，因为老师用了一个多小时的时间，把上百页论文的优劣之处一一讲得透彻清晰了，对如何修改，他心里明明白白。

孙宏勇还回忆起自己的第一篇论文在高层次的期刊发表。那是他将要读博士的时候，根据刘昌明有关土壤水分蒸发的理论做了一个试验，把试验的结果写成论文，请刘昌明审阅。

那天，已经是下班的时间了，刘昌明刚从外地开会回来，孙宏勇把论文交给他，是希望他有时间了再看。没想到刘昌明近几日都有安排，便说："你等等，我先看看。"

那是篇有四五千字的论文，刘昌明用了半个小时的时间才看完。之后，他把论文放到一边，再次给孙宏勇从论文的写作讲起，强调题目必须醒目，内涵必须明确。叙述中，推理要严谨，层层递进，各个部分之间要有严格的逻辑关系。接着，他才拿起论文，让孙宏勇坐到自己跟前，开始讲哪些地方应该补充，哪些地方应该修改，每一段都讲得非常详细。等把论文从头到尾讲了一遍之后，又过去了半个多小时。

已经过了吃晚饭的时间，孙宏勇提出请刘昌明吃个饭。刘昌明答应了，俩人就来到单位附近的小饭馆，要了两碟小菜、一份烙饼和两碗稀饭。饭后，孙宏勇要结账，被刘昌明拦住了："我来，正好身上有零钱。"

不过是一个借口，是不想让孙宏勇花钱。有时候，刘昌明与学生在一起做事，耽误了去所里的食堂吃饭，就在所对面的小饭店凑合一顿，不过是疙瘩汤、米粥、馒头、烙饼、小菜之类。虽然花钱不多，他却从不让学生掏，还蛮有借口："我比你们挣的钱多，花点没什么。"

孙宏勇按照刘昌明的提示做了修改，论文很快发表在核心期刊《水力学报》上。后来，这篇论文阐释的观点，多次被他人引用。

刘昌明的另一位博士生、曾经给水利部部长钱正英当过秘书的孙雪涛在一篇文章中回忆说："在刘先生的指导下，我的毕业论文题目确定为《石羊河流域水资源配置与可持续发展研究》。这中间，我多次陪同刘先生赴西北，特别是内陆河流域考察调研，朝夕相处，师生情谊甚浓。论文研究中，刘先生指导我按照人与自然和谐相处的理念，通过建立四水转换模型和结合绿洲稳定性要求，定量计算了石羊河流域生态需水量，针对人水矛盾的问题提出了建议和措施，可为西北内陆河流域水资源的可持续发展利用和绿洲内社会经济的可持续发展提供借鉴。刘先生对论文的构思、关键问题的把握都使我受益非匪浅。特别是在论文提交评审前，刘先生抱病帮我对论文进行了逐字逐句的完善修改；在论文答辩前，对我的PPT文稿逐页把关，就关键问题给予指导。由于先生的耐心赐教，使我非常顺利地通过了评审与答辩。”

刘昌明在做学问方面对学生严格，但态度一向温和。几十年间，他直接培养了上百名研究生，硕士、博士、博士后皆有，年长者已接近退休年龄，人人讲到他都众口一致：“刘先生从不黑着脸训斥哪个人。”

学生们在处理某些事情的时候，因为年轻，因为阅历浅，因为性格使然，难免有做得不妥之处。他当时发现了，或是过后听说了，不过是“点到为止”，在以后的日子里，慢慢引导学生明白如何做才好。若是试验或论文方面的问题，他也绝不会居高临下地教训，而是和颜悦色地引导。在他给学生们安排课题或指导试验的时候，经常会听到他这样说：“有什么想法随时同我交流”“你看这样做是不是更好一些？”“应该考虑从这个思路开始试验。”

有的学生先是在别处读研，后来到他这里读博，比较接触过的导师，偶尔会在言语中流露出对他的感受：亲切。他听了，不过微微一笑，从不评价别人带学生的方式方法，但一直恪守着自己的为师之道：润物无声，诲人不倦。

他的学生对他的“亲切”有体会，与他共事的其他年轻人也有同感。有时候，为争取项目，刘昌明在考虑好意向之后就开始立题，给中国科学院或河北省的某些部门呈送可行性报告。具体负责的人员开始的时候不熟悉业务，要么词不达意，要么繁简不当。为了锻炼他人，若不是急用，刘昌明从不越俎代庖，也不责斥嗔怪，而是不急不躁，不厌其烦地讲解、指导，到了一定程度他才逐字逐句地改，还让起草的人充实，即便十来遍方达到标准，他也态度如初。

几位给他做过秘书的人，有的是他的学生，他们讲道，代刘昌明起草信函，起初因为不知道刘昌明与收件人的关系，称谓、语气难免有失妥帖，刘昌明就给他们讲述他和收件人交往的深浅，再写信函就不出毛病了。

有些刚到工作岗位的学生，帮着组织研讨会，有些细节不知所措，刘昌明便详细指教，告诉他们如何安排，连怎样引导主人和客人进入会场都讲得十分具体。

“他对待学生，既像父辈，又像朋友，很宽厚。所以，学生在他面前，不管是年龄大的，还是年龄小的，是跟得时间长的，还是跟得时间短的，都不拘束，有什么想法都敢说，与他交流起来很顺畅，很愉快。”有的学生如此评价刘昌明。

还有人说：“能做到这一点，是他的人品好。”他们加以概括：刘昌明是个做学问的人，科学家，可是，跟谁都能交朋友。他能跟省长、部长推心置腹地交流，也能跟资深的科学家谈论深奥的学术问题；能跟他的学生在试验方面不厌其烦地交谈，也能跟农民席地而坐地拉家常，说庄稼，甚至到农民的家里，围着矮脚桌，坐着小板凳吃顿便饭，喝几块钱一斤的酒。

谈过这些，还要赞赏地加一句：“一般人做不到，令人佩服！”

也有人从另一个角度去欣赏：“他这个人重感情。”说这话的人讲了个小故事：刘昌明的同事曾明煊，是新中国成立后从澳大利亚回国的，做遥感方面的试验小有成就，与刘昌明在陕西的黄龙径流试验区工作过几年，俩人感情很深，曾明煊曾经把一辆旧自行车给刘昌明用。曾明轩英年早逝，之后的几十年间，那辆自行车已经破旧不堪，刘昌明却一直舍不得扔掉，好好地放在他们家的阳台上。这分明是珍藏着一段友谊，还有一些绵延不绝的思念。

他这个人的确重感情，做了他的研究生，就被他视为家里人了，甚至嘱咐夫人和孩子们也要把他的学生当做家里人。一旦学生有什么困难，如果自己有能力帮助，一定倾心相助。

他们家搬到大屯路那边住之后，房间宽敞了些，若是知道有学生从外地来北京办事，自己花钱住宿吃饭，总会说："来家里住吧，能住下，在外头花那个钱干什么？"

若学生推辞，他则说："你来住也不影响我们，晚上还可以在我的书房里看看书。"

夫人关威也会帮着劝学生到家里吃住，有的学生见他们盛情难却，只好到家里去住，享受家一般的温暖，感受老师和师母如父母那样的关心。

刘昌明所带的第二个博士研究生牟海省在一篇回忆文章中谈道："20世纪90年代，我随刘先生去石家庄农业现代化所，参加了国际水稻研究所在河北元氏灌区的国际合作项目，并参与了在武汉举办的国际水稻所水资源管理的研讨班。这期间，经常住在刘老师石家庄所的宿舍里，和刘老师一起去食堂吃饭，有时去晚了，没有菜了，就买几个剩余的馒头，回到宿舍自己做'小鸡汤面'。

"刘先生手把手教我：先把食用油烧热了，加入葱花和鸡蛋，炒出香味，再加入西红柿、加水，烧开后加挂面，最后加盐调味。这'小鸡汤面'的手艺成了我的保留厨艺，一直被家人喜爱。刘先生不但一直在石家庄所职工食堂和大家一起买菜吃饭，傍晚经常自己提着热水瓶到锅炉房打水，和见面的职工以及家属熟人打招呼，回家自己洗衣服。刘先生平易近人、随和、质朴的性格与生活作风给我留下了深刻的印象。"

能想到学生的食宿这类事情，是刘昌明做事的细心，已经养成了习惯。有人特意讲了一件能以微见著的事情：有一次，中国科学院石家庄现代化研究所请一个年轻专家来讲课，午饭后安排轿车送其去北京机场。那一刻已经是太阳西斜，刘昌明担心他上车后打瞌睡，被太阳晒着了，在送上车的那一刻微笑着提醒说："左边一会儿太阳晒，您坐右边吧。"

在场的人无不为之感动，事情过去了二十几年仍然有人记得。他们讲道："那个专家是1962年出生的，刘先生是1934年出生的，那一刻的叮嘱，真的跟老人嘱咐孩子一般。"

刘昌明对其学生，关心、呵护、指教、扶持，何尝不是如老人与孩子一般？

刘昌明对学生的关心，不光是关心他们的学习、生活，更关心他们的品德修养，教育学生做一个品德高尚的学者。他经常讲的话，就是踏踏实实做学问，切记不能忽悠；多用心思搞研究，切记淡泊名利。在有一年学生们印制的《师生通讯录》上，还特意把"做学问不忽悠""淡泊名利"这样的话写在通讯录的扉页。可见，他的不断提醒，已经为学生们所接受。

在用语言教育学生的同时，他也用实际行动告诉学生怎样做才是淡泊名利。刘昌明的学生牟海省生动地讲述了这样一件事情：

一个周末的晚上，我在北大邵庆山老师家遇到地理学会的张国友师兄。他问我："小牟，你明天干什么去？""我明天和刘老师一起，坐火车去石家庄。"

"啊，他还去石家庄！明天地理学会召开学部委员申请说明会，他不参加？"张师兄惊讶地问。

"也许刘老师还不知道吧！"我疑惑地回家了。

第二天一早，我匆匆忙忙赶到北京火车站。一进入列车，就见刘老师早已坐在那里等着我呐。

"您怎么还去石家庄？您不知道今天地理学会，召开学部委员申请说明会吗？"我还没有坐稳，就急急地问。

"我知道，需要写那么多材料，太费事了。再说我也不够格，还是去干点正事吧。"刘老师不紧不慢地说。

一旦是关于个人的事情，都不是“正”事情。这是典型的五十年代培养的国家栋梁的认知，是一心扑在科研事业上科学家的风范。我接着说“这不是您一个人的事情，是我们水科学领域的大事……”我喋喋不休地说了许久，刘老师依然不为我所动。我们还是一起随着火车的轰隆声到石家庄做项目去了。

学生们所记住的，还有刘昌明的同事、朋友、合作者所记住的，何止这些。他们记住的，远比这些要多得多，范围也广得多。大概，在他们的心中，都会为刘昌明画一幅像，概括着他们心中的刘昌明。其中，刘昌明的首名博士研究生刘苏峡在撰写《刘昌明院士学术成长采集研究报告》时，用“为水之昌明”概括了刘昌明为了祖国的需要而投身水文事业的赤子之心，纵览刘昌明的水文人生，这一表述既有呼应之趣，又可谓实至名归。

刘昌明为获得“昌明奖学金”的学生颁奖

中国科学院研究生院
Graduate University of Chinese Academy of Sciences

授予刘昌明同志：

优 秀 教 师

二〇〇六年七月

2006 年，获中国科学院研究生院优秀教师

2007 年 3 月，参加博士研究生学位论文答辩

2012 年 5 月，北京师范大学水科学研究院水文水资源系在九华山庄讨论学科建设问题时的合影

2013 年 12 月 27 日，刘昌明指导学生在地理资源所的五水转化动力学装置做玉米生长对环境条件改变的响应试验

2014 年 9 月 11 日，刘昌明（左三）在保定易县水土保持试验站给学生讲述降雨的测量方法

2017 年 2 月 27 日下午，刘昌明在怀柔雁栖湖中国科学院大学给研究生上课

2018 年 9 月 15 日，在合川饭店就餐时与学生探讨水力半径问题

2006 年，刘昌明与北京师范大学水科学研究院师生合影

2009 年 5 月，在南昌大学与学生合影

2010 年同门合影

2011 年同门合影

2015 年同门元宵节合影

2015 年 9 月 29 日，刘昌明学术思想研讨会在中科院地理所举行

2017 年同门元宵节合影

2018 年 9 月教师节同门合影

2019 年刘先生与弟子合影

工作、生活掠影

2007 年，在香港讲学

2014 年 5 月，赴华盛顿大学访问交流

2014 年 7 月 1 日，北师大水科院水文与水资源系九华山庄二次会议，讨论学科建设等［前排左起：鱼京善、徐宗学、刘昌明、吴永保、王红瑞、王会肖、李占杰；后排左起：孙文超、俞淞、王国强、刘海军、庞博、朱中凡、左德鹏、彭定志］

2017 年 5 月 13 日，在京师大厦参加《南水北调与水利科技》高层论坛，并作报告

2017 年 6 月，刘昌明的博士研究生章杰学位论文答辩会合影

2017 年 6 月 4 日，在京师大厦办公室查看甘肃水源调查文件，左为孙福宝教授

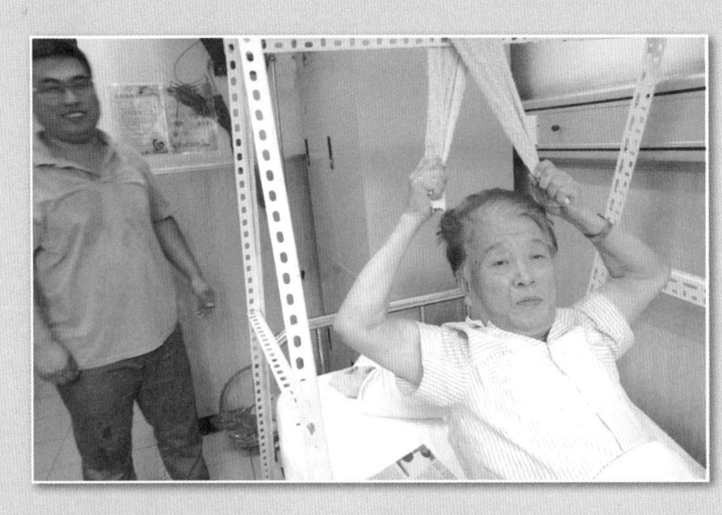

2017 年 7 月 7 日，在医院做康复训练

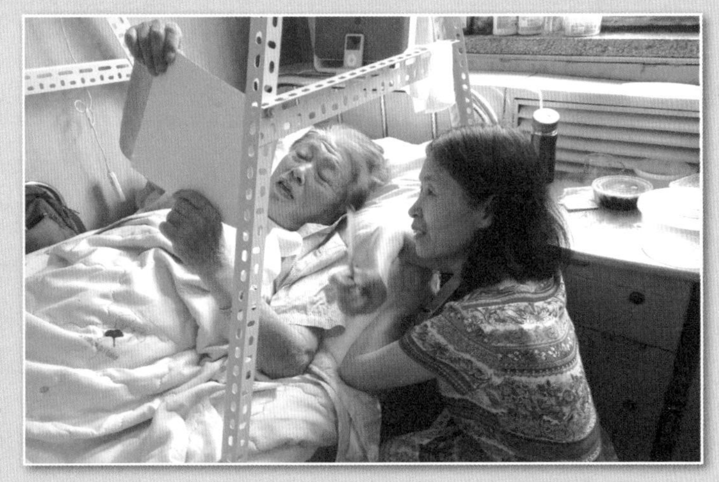

2017 年 7 月 18 日，采集小组成员刘苏峡到医院就传记提纲与刘昌明交流

2017 年 9 月 22 日，在去往张家口河北建工学院作报告的路上看材料

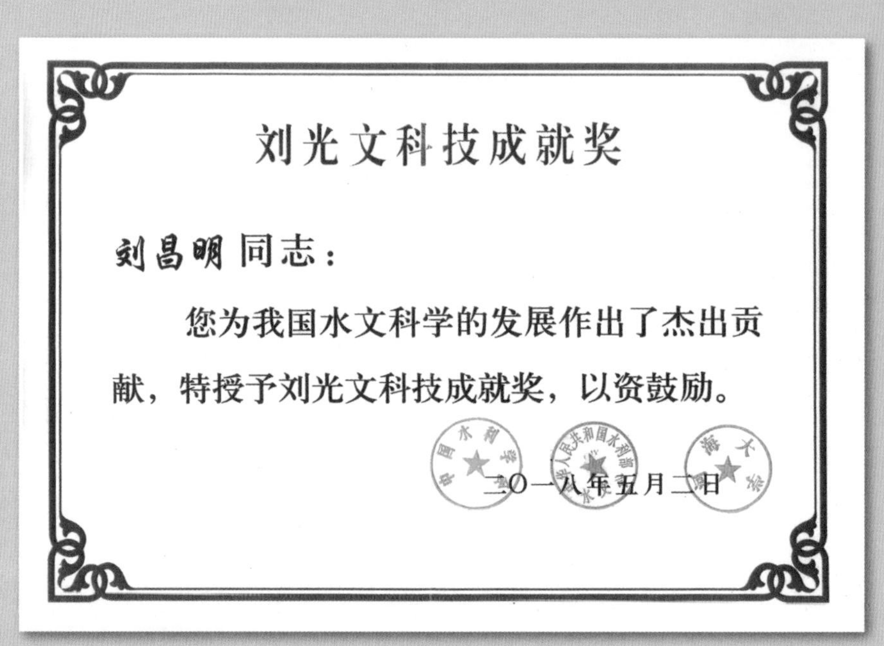

刘光文科技成就奖

刘昌明同志：

您为我国水文科学的发展作出了杰出贡献，特授予刘光文科技成就奖，以资鼓励。

二〇一八年五月二日

2018 年，获刘光文科技成就奖

2018 年 1 月 6 日，刘昌明院士（右三）在北控集团参加水体污染控制与治理科技重大专项项目启动会。吴丰昌（前排左三）、王业耀（前排左一）、王建华（前排右一）等同时参加

2018 年 6 月，在张家口调研

2018 年 7 月，参观张家口灌溉试验站

2018 年 8 月，在昆明大学植树（植树人右起：刘昌明、夏军、张建云）

2019 年 7 月，在崇礼调研农村用水情况

2012 年 12 月，与家人参观延庆冰雕节

2014 年 5 月 10 日，刘昌明（中）在其学生牟海省的家中庆祝 80 岁生日，刘昌明夫人关威（右）及牟海省女儿、儿子共同庆祝

2016 年 7 月 23 日，刘昌明与夫人关威在山西省晋中市闫家坪村合影

2019 年，金婚合影

附录
刘昌明年表

1934 年 1 岁

5 月 10 日，出生于湖南长沙。

1940 年 6 岁

受战争影响，开始动荡的童年生活。

1941 年 7 岁

3 月，就读于陕西汉中西大街小学。

1942 年 8 岁

8 月，转学就读于陕西汉中明德小学。

1943 年 9 岁

年底，离开明德小学，随母亲从陕西汉中辗转至成都。

1944 年 10 岁

8 月，就读于南大街小学（后改名为四川成都第三区中心小学，地址在方池正街）。

1947 年 13 岁

3 月，高小毕业，考入浙蓉中学读初中。

1949 年 15 岁

成都市解放。跳级，提前半年考高中，考上川西成都中学（今北京师范大学成都实验中学）。

1950 年 16 岁

3 月，就读于四川省立成都中学高中部（现北京师范大学成都实验中学）。

1952 年 18 岁

被批准成为中苏友好协会的宣传员。提前肄业考大学，并考上西北大学地理系自然地理专业。

10 月，与考上大学的 23 名成都籍同学一起乘火车到西北大学报到。

1953 年 19 岁

参加学校组织的新年文艺汇演，并担任小提琴伴奏。

1954 年 20 岁

在《地理知识》杂志发表了研究生涯第一篇论文《地图上测定流域面积与河长的方法》。

1955 年 21 岁

在西北大学合唱团担任团长，负责演唱的指挥工作。

1956 年 22 岁

5 月，参加中国科学院组织的到秦岭的主峰太白山进行地质地理自然资源的调查。

大学顺利毕业，完成毕业论文《黄河径流的初步分析》。

6 月，以班级成绩第一，荣获“优等生”称号毕业，被中国科学院择优录取，进入中国科学院地理研究所（简称“地理研究所”）工作。

成为地理研究所设立的水文地理组成员。

1957 年 23 岁

发表论文《中国河水季节变化的类型》［罗开富，郭敬辉，刘昌明，等 . 中国河水季节变化的类型［J］. 科学通报，1957（16）:501-503.］。

1958 年 24 岁

担任青海甘肃综合考察队的水源队水文组组长，负责祁连山、河西走廊的调研与测量工作。

10 月，参与南水北调西线调水的研究，中科院成立了综合考察队参加路线调查。因受“大跃进精神”的影响，当时提出的口号是“开河一万里，调水五千亿（立方米）”，计划把我国西南诸河流域的水引到西北。

1959 年 25 岁

1—6 月，在北京大学地理系教授水文学课程（一个学期，120 课时）。当时，由于北京大学地理系水文专业的教师被打成“右派”，不能教课，所以想在校外找一位水文专业的老师，到北京大学地理系教授水文课程。经北京大学地理系侯仁之先生等与中科院地理研究所黄秉维先生商议以及中国地理学会的推荐，选派刘昌明到北京大学地理系为本科生讲授水文学课程。

7 月，通过出国留学考试，参加出国留苏人员培训班学习。培训班结束后，由于中苏关系恶化，并没有马上派往苏联。

发表论文《甘肃内陆河流水文特性的初步分析》［刘昌明，张云枢 . 甘肃内陆河流水文特性的初步分析［J］. 地理学报，1959（1）:67-88.］。

1960 年 26 岁

10 月，到苏联莫斯科大学地理系学习。

发表论文《关于径流形成实验室研究方法》。

发表著作《怎样学习自然地理》。

1962 年 28 岁

考察瓦尔达依水文实验站。

参观位于西伯利亚的总降水量站。

11 月，从苏联学成回国。

1963 年 29 岁

主持并参与设计陕西黄龙小流域站，开展黄土高原水土保持定位实验研究。

主持并参与设计地理研究所室内大型径流形成实验室，进行人工降雨径流模拟试验。

1964 年 30 岁

在黄龙开展森林水文实验研究。

任地理研究所水文研究室径流形成组组长。

1965年 31岁

地理研究所水文研究室建立径流形成实验室，属于径流形成组，刘昌明为实验室负责人之一。

发表论文《黄土高原暴雨径流预报关系初步实验研究》[刘昌明，洪宝鑫，曾明煊，等．黄土高原暴雨径流预报关系初步实验研究［J］．科学通报，1965（2）:158-161.]。

1966年 32岁

“文革”爆发，进行干部再教育。

4—6月参加延安土地规划，建立试验站。

发表论文《黄土坡耕地水土流失计算方法的探讨》[中国科学院地理研究所水文研究室．黄土坡耕地水土流失计算方法的探讨［J］．地理学报，1996（2）:140-155.]。

1967年 33岁

任地理研究所水文研究室“小径流组”组长。

1968年 34岁

“文革”期间，科研工作基本停滞。

1969年 35岁

3月，与关风华(身份证名字：关威)喜结良缘。

4月，作为“解放干部”并受铁道部委托，参加援助非洲铁路建设设计任务(几内亚—马里）。

进行阳平关—安康铁路前期的调研，研究计算方法，并对桥涵的大小进行设计。

1970 年 36 岁

进行西安—延安、西安—侯马、西安—宁夏—中卫等铁路的前期调研。考察当地的水沟、水源和暴雨等情况。

1971 年 37 岁

到新疆乌鲁木齐参加铁路双轨线路设计。开展兰州—乌鲁木齐铁路的前期调研和沿线桥涵的计算设计工作。

1972 年 38 岁

进行天山—库尔勒铁路的前期调研。

6 月，担任地理研究所水文地理研究室副组长，任期自 1972 年 6 月至 1987 年 5 月。

6 月，大儿子刘昆出生。

1973 年 39 岁

2 月，进入中科院河南确山“五七干校”学习。作为辅导员跟大家一起学习马克思主义基本原理。参加干校基础建设，修建食堂。开展薄山水库的洪水调查。

8 月，接中科院通知，组成三人小组去罗马尼亚洽谈“中罗科技合作计划”。

1974 年 40 岁

7 月，离开确山回到地理研究所继续工作。

9 月，与龚国元一起执行陪同当时的地貌室主任沈玉昌副研究员访问罗马尼亚。

进行格尔木—拉萨青藏铁路的考察。

1975 年 41 岁

湖南省确山县大雨，薄山水库遭受洪水，验证了刘昌明曾在薄山水库进行洪水调查的预测。中科院“五七干校”基础设施严重受损。

1976 年　42 岁

中科院“五七干校”由河南确山迁至河北文安。刘昌明夫人关威在此干校“接受教育”。

12 月 14 日，铁道部基于刘昌明同志对铁路建设事业的杰出贡献，特表彰刘昌明同志的杰出事迹。

成为《地理集刊》编委会成员之一。

1977 年　43 岁

8 月，接待美国地理学家代表团来华考察。1977 年 4 月，中国科学院外事局请示我国外交部后，同意美方派代表访华，并建议中方于 1978 年适当的时候也派出地理代表团访美。得知此消息，俄州科学院十分高兴，委派诺布尔、马润潮等组团访华，由 10 位美国地理学家组成的民间代表团于 1977 年 8 月初，开始对中国的北京、上海、南京、成都、广州、桂林以及韶山冲等地进行 1 个月的实地考察访问，并与地理研究所和各地大学地理系进行学术交流。

12 月，参加了《科学发展规划》的制定工作。1977 年 8 月，在科学和教育工作座谈会上，邓小平同志指出，我们国家要赶上世界先进水平，须从科学和教育着手。科学和教育目前的状况不行，需要有一个机构，统一规划，统一协调，统一安排，统一指导协作。随后，各地方、各部门开始启动规划研究编制工作。1977 年 12 月，在北京召开全国科学技术规划会议，动员了 1000 多名专家、学者参加规划的研究制定。

1978 年　44 岁

3 月，盛况空前的全国科学大会在北京隆重召开。这次大会，是我国科学史上空前的盛会，标志着经过“十年动乱”后，我国科技事业终于迎来了“科学的春天”。全国科学大会的筹备和召开，是对“十年动乱”中遭到严重破坏的科技工作的全面拨乱反正，也为科技工作的开放和改革打开了大门。刘昌明主要参与的科研项目“小流域暴雨洪水之研究”获全国科学大会重大科技成果奖。

完成著作《小流域暴雨洪峰流量计算》。

5 月，任地理研究所水文研究室副主任。

6 月，给全国的水文专家写信，邀请他们到石家庄参加“南水北调及其对自然环境影响”的学术会议。

秋，刘昌明院士与地理研究所研究员唐登银、程维新、左大康等人共同商议决定，在禹城试验区内建立以水量平衡与水盐运动规律研究为主的野外试验站。

9 月，随以黄秉维为团长、吴传钧为副团长的中国地理代表团访问美国 40 天。经黄秉维等老一辈科学家的努力，实现了中国地理代表团对美国的访问。这是新中国成立后第一个派往美国的中国地理学家代表团。从此，在中美地理学界之间建立起了学术交流的桥梁。许多美国地理学家称之为“破冰之旅”，这也是中美建交之前实现的“圆梦”之行。旅美地理学家马润潮先生为中美地理学家的相互交流做出了极大努力和重要贡献。

12 月，完成论文《黄土高原森林对年径流影响的初步分析》［刘昌明，钟骏襄 . 黄土高原森林对年径流影响的初步分析［J］. 地理学报，1978（2）:112-127.］。

1979 年 45 岁

和同事一起共同在山东禹城筹建了禹城水量综合试验站。

6 月，被评为地理研究所第三届学术委员会学术委员，任期自 1979 年 6 月至 1983 年 12 月。

由其主要参与的科研项目“青海省大中河及小流域暴雨径流计算”获青海省科学大会授予科技成果奖。

1980年 46岁

年初，与中国科学院地学部主任李秉枢、地理研究所所长左大康和水文室孙祥平考察禹城试验点。

8月，担任地理研究所水文地理研究室第一副主任，任期自1980年8月至1983年12月。

10月初—11月初，由联合国大学组织的9位外国专家与左大康、刘昌明等对河北、河南、湖北、江苏等地进行科学考察，并举办“南水北调对自然环境影响问题学术讨论会”。

由其主要参与的科研项目“径流形成的实验室研究”获中国科学院授予科技成果三等奖。

刘昌明等提出了西北地区小流域洪峰流量计算方法，广泛应用于我国西北铁路桥涵设计，获得全国科技大会奖。

在《中国地理研究所地理集刊》出版专辑《水文分析与实验》。

1981年 47岁

6月，带领团队在河北栾城建设了农业生态试验站并任站长。

1981年9月—1982年10月，作为访问学者到美国亚利桑那大学访学。

9月28日—10月2日，在夏威夷檀香山参加流域森林影响主题讨论会。

1982年 48岁

1月15日，中国科学院批准成立地理研究所学位评定委员会，刘昌明任地理研究所第一届学位评定委员会委员，任期自1982年1月至1984年11月。

由其主要参与的科研项目“小流域暴雨洪水之研究”获国家科委授予自然科学四等奖。

发表论文《南水北调对自然环境影响的初步研究》［左大康，刘昌明，许越先.南水北调对自然环境影响的初步研究［J］.地理研究，1982（1）:31-39.］。
发表论文《流域汇流的非线性关系及其处理方法》[刘昌明，王广德，吴凯.流域汇流的非线性关系及其处理方法［J］.地理研究，1982（2）:32-38.］。
发表论文《南水北调水量平衡变化的几点分析》［刘昌明.南水北调水量平衡变化的几点分析［J］.地理科学，1982（2）:162-169.］。

1983 年 49 岁

8 月 20 日—9 月 9 日，出访联合国环境署举办的国家水资源管理会议学术活动。
10 月，被评为中国地理学会水文专业委员会委员。
12 月，任地理研究所第四届学术委员会委员，任期自 1983 年 12 月至 1987 年 6 月。
12 月，担任地理研究所水文地理研究室主任，任期自 1983 年 12 月至 1992 年 4 月。
自中国科学院承担了国家“黄淮海平原中低产地区综合治理和综合发展研究”的“六五”科技攻关项目。
参加联合国组织的南水北调中线环境影响评估团，完成著作《Long-distance water transfer: A Chinese case study and international experiences》《The quantitative features of China's water resources: An overview. Technical report on natural resource systems No.38》《远距离调水——中国南水北调和国际调水经验》《黄淮海平原治理和开发　第一集》。
发表论文《南水北调东线“分期实施、先通后畅”简析》[刘昌明，许越先.南水北调东线“分期实施、先通后畅”简析[J].地理研究，1983（3）:96-99.］。

1984 年 50 岁

被评为国家首批“中青年有突出贡献专家奖”。

3 月，被评为地理研究所兼任学术委员会委员。

发表论文《黄河以北地区东线引江问题的探讨》[左大康，刘昌明，许越先，等 . 黄河以北地区东线引江问题的探讨 [J] . 地理研究，1984（2）:92-98.]。

发表论文《水文地理学与水文学的地理研究》[刘昌明 . 水文地埋学与水文学的地理研究 [J] . 人民黄河，1984（2）:57-60.]。

发表论文《水文学的地理研究方向与发展趋势》[郭敬辉，刘昌明 . 水文学的地理研究方向与发展趋势 [J] . 地理学报，1984（2）:206-212.]。

11 月，任地理研究所第二届学位评定委员会委员，任期自 1984 年 11 月至 1986 年 5 月。

1985 年 51 岁

5 月 5—12 日，参加在澳大利亚召开的国际土地利用计划学术研讨会。

6 月 20 日，被聘请为地理研究所兼任本届所长咨询组成员。

出版著作《华北平原水量平衡与南水北调研究文集》（左大康，刘昌明，许越先，等 . 华北平原水量平衡与南水北调研究文集 [M]. 北京 : 科学出版社，1985.）。

发表论文《黄淮海平原水量平衡与水旱灾害趋势分析》[刘昌明，杜伟 . 黄淮海平原水量平衡与水旱灾害趋势分析 [J] . 农业现代化研究，1985（4）:34-38.]。

发表论文《系统分析在东线引江水量平衡中的应用》[刘昌明，杜伟 . 系统分析在东线引江水量平衡中的应用 [J] . 地理研究，1985（3）:81-88.]。

1986 年 52 岁

3 月，被评为地理研究所《地理新论》学术顾问。

晋升为中国科学院地理研究所研究员。

3 月，荣获“科学技术进步二等奖”。

出版著作《中国地理学会水文专业委员会第三次全国水文学术会议文集》（刘昌明，杨戍，沈灿燊，等 . 中国地理学会水文专业委员会第三次全国水文学术会议文集［M］. 北京：科学出版社，1986.）。

发表论文《南水北调东线水量平衡的地理系统分析——以东线一期工程为例》[刘昌明，杜伟 . 南水北调东线水量平衡的地理系统分析——以东线一期工程为例［J］. 水利学报，1986（2）:1-12.]。

发表论文《考虑环境因素的水资源联合利用最优化分析》[刘昌明，杜伟 . 考虑环境因素的水资源联合利用最优化分析［J］. 水利学报，1986（5）:38-44.]。

5 月，任地理研究所第三届学位评定委员会委员，任期自 1986 年 5 月自 1991 年 11 月。

主持并参与设计上海佘山农田水利试验站，探讨土壤水分动态与作物渍涝的关系，为洼地渍害防治提供依据。

1987 年 53 岁

3 月，被聘为国家科学技术进步奖自然资源行业组评审委员。

4 月 1 日，被聘为《中国大百科全书》地理学编委会委员，分管水文地理学。

4 月，被聘为《地理学报》编委会编委。

6 月，任地理研究所第五届学术委员会委员，任期自 1987 年 6 月至 1990 年 8 月。

6 月 20 日，被聘为中国地理基本数据编委会委员。

12 月 8 日，被聘为《资源开发与保护》杂志特约编委。

12 月，在北京参加中美合作研究报告会，报告名称：地下水模拟模型及同农业生产相结合的水资源利用优化模型研究（以禹城县为例）；项目名称：

华北平原水资源管理——禹城试验区地表地下水联合利用和管理。

发表论文《农业水资源配置效果的计算分析》[刘昌明，杜伟.农业水资源配置效果的计算分析[J].自然资源学报，1987（1）:9-19.]。

1988 年 54 岁

完成著作《水量转换——实验与计算分析》（刘昌明，任鸿遵.水量转换—实验与计算分析[M].北京：科学出版社，1988.）。

发表论文《海河平原农业供水的决策分析模型》[刘昌明.海河平原农业供水的决策分析模型[J].自然资源学报，1988（3）:250-261.]。

主持华北平原农业节水与水量调控研究。

参与的"离散水文系统模型"项目获中国科学院科技进步三等奖。

与姜德华牵头，参加武陵山区国际扶贫调查。

11 月，作为参加黄淮海农业开发的优秀科技人员，受到中国科学院的表彰。

1989 年 55 岁

1 月，由其负责的科研项目"水资源联合调度模式的研究（以山东齐河为例）"获得国家项目基金。

3 月 8 日，被聘为《中国大百科全书》地理学卷水文地理学主编。

8 月 16 日，被聘为中国科学院自然地图集编辑委员会委员。

被国务院学位委员会批准为自然地理学博士学位研究生指导教师。

12 月 5 日，被聘为中国科学院禹城综合试验站学术委员会副主任。

完成著作《华北平原农业水文及水资源》（左大康，刘昌明，许越先，等.华北平原农业水文及水资源[M].北京：科学出版社，1989.）。

发表论文《华北平原农业节水与水量调控》[刘昌明.华北平原农业节水与水量调控[J].地理研究，1989（3）:1-9.]。

发表论文《森林水文学研究综述》[于静洁，刘昌明.森林水文学研究综述［J］. 地理研究，1989（1）:88-98.］。

12月，经各地方水利学会推荐，中国水利学会第五次全国会员代表大会决定对谷兆祺等190名优秀中青年水利工作者予以表扬，其中包括刘昌明。

1990年 56岁

8月17日，在地理研究所建所五十周年之际，获得地理研究所颁发的荣誉证书，以纪念刘昌明同志已在地理研究所从事科技工作三十年以上。

任中国地理学会副理事长、水文专业委员会主任、国际水文科学协会（IAHS）中国国家委员会副主席。

8月，担任地理研究所第一届研究员任职资格评审委员会委员，任期自1990年8月至1991年11月。

8月，任地理研究所调整后学术委员会委员，任期自1990年8月至1991年9月。

完成著作《低洼地渍害与治理试验研究》（刘昌明，朱耀良. 低洼地渍害与治理试验研究［M］. 大连：大连出版社，1990.）。

在北京召开的国际地理联合会区域大会上提出了建立气候变化专业委员会的申请并立即得到批准，并且被任命为气候变化专业委员会的首任主席。

发表论文《零通量面方法的应用研究》［李宝庆，刘昌明，杨克定. 零通量面方法的应用研究［J］. 地理研究，1990（2）:39-50.］。

发表论文《全球温室效应的影响及对策》［刘昌明，傅国斌. 全球温室效应的影响及对策［J］. 云南地理环境研究，1990（2）:48-55.］。

参加地理研究所50周年庆祝活动。

受冰岛女王邀请，在奥斯陆做“水资源理论”特邀发言。

在北京参加国家自然科学基金委地球科学部节水型农业学术研讨会，报告名称：华北平原节水型农业的系统研究。

1991年 57岁

与姜德华牵头，参加西南地区扶贫调查。

7月起享受国务院特殊津贴。

9月，任地理研究所第六届学术委员会副主任委员，任期自1991年9月至1996年2月。

11月，担任地理研究所第二届研究员任职资格评审委员会委员，任期自1991年11月至1993年9月。

发表论文《全球变暖对区域水资源影响的计算分析——以海南岛万泉河为例》[傅国斌，刘昌明．全球变暖对区域水资源影响的计算分析——以海南岛万泉河为例[J]．地理学报，1991（3）:277-288.]。

11月，任地理研究所第四届学位评定委员会委员，任期自1991年11月自1995年11月。

1992年 58岁

5月28日，担任中国科学院石家庄农业现代化研究所所长，任期4年。

7月，被中国科学院任命为中国科学院水问题联合研究中心主任。

10月26日，在地理研究所完成的四水转化与农业水文的研究项目获科学技术进步奖二等奖。

12月，担任地理研究所第一届专业技术职务聘任委员会委员，任期自1992年12月至1993年10月。

由其主要参与的科研项目“华北平原农业水文及水资源”获中国科学院授予科技进步二等奖。

由其主要参与的科研项目“四水转化与农业水文的研究”获中国科学院授予科技进步二等奖。

由其主要参与的科研项目“农田蒸发测定方法和蒸发规律研究”获中国科

学院授予科技进步二等奖。

发表著作《农业用水有效性研究》（许越先，刘昌明，J. 沙和伟 . 农业用水有效性研究［M］. 北京：科学出版社，1992.）。

发表论文《城市用水动态模拟与预测模型——以洛阳市为例》［陈建耀，刘昌明 . 城市用水动态模拟与预测模型——以洛阳市为例［J］. 水文，1992（5）:22-25.］。

发表论文《土壤—植物—大气连续体模型中的蒸散发计算》［刘昌明，窦清晨 . 土壤—植物—大气连续体模型中的蒸散发计算［J］. 水科学进展，1992（4）:255-263.］。

1993 年 59 岁

3 月，由其负责的科研项目“典型农田 SPAC 系统水分运行、转化规律及调节实验”获得国家“重大项目的课题”基金。

任加拿大麦克马斯特大学客座教授。

发表论文《南水北调与华北平原农业持续发展》［刘昌明，由懋正 . 南水北调与华北平原农业持续发展［J］. 生态农业研究，1993（1）:45-50.］。

发表论文《雨水资源以及在农业生态中的应用》［刘昌明，牟海省 . 雨水资源以及在农业生态中的应用［J］. 生态农业研究，1993（3）:20-26.］。

发表论文《雨水资源与雨水资源的评价》［牟海省，刘昌明 . 雨水资源与雨水资源的评价［J］. 资源开发与市场，1993（3）:163-165.］。

9 月 26 日，在栾城站向黄秉维先生汇报联合建站（大屯站与栾城站合并、协作）情况进展，并希望成为一个典型改革的样板。

1994 年 60 岁

1 月，兼任中国科学院栾城农业生态系统试验站站长。

3 月 18 日，荣获中国科学院竺可桢野外科学工作奖。

6 月 17 日，钱学森给刘昌明回信，信的主要内容如下："你问我：我的关于第六次产业革命的话能否在您所的刊物上转载？当然可以。但请注意：第六次产业革命是件大事，它不但会促进我国奔小康，而且将在 21 世纪推动我国奔向中等发达国家"。

6 月 26—27 日，参加在栾城站召开的中国科学院栾城农业生态系统试验站第一次工作会议。

发表论文《地理水文学的研究进展与 21 世纪展望》[刘昌明 . 地理水文学的研究进展与 21 世纪展望 [J] . 地理学报，1994（S1）:601-608.]。

发表论文《代表单元尺度概念及其在洋河流域控制雨量站布设中的应用》[刘苏峡，刘昌明 . 代表单元尺度概念及其在洋河流域控制雨量站布设中的应用 [J] . 人民长江，1994，25（8）:19-22.]。

发表论文《我国城市设置与区域水资源承载力协调研究刍议》[牟海省，刘昌明 . 我国城市设置与区域水资源承载力协调研究刍议 [J] . 地理学报，1994，49（4）:338-344.]。

8 月 16 日，中国科学院国际合作局批准刘昌明等同志一行自 1994 年 11 月 18 日至 1994 年 12 月 4 日前往澳大利亚执行会议任务。

1995 年　61 岁

5 月，在栾城试验站建立大型蒸渗仪（LYSIMETER），对农田耗水进行长期观测和详细记载。

6 月 4 日，中国科学院国际合作局批准刘昌明等同志一行自 1995 年 7 月 6 日至 1995 年 7 月 14 日前往美国执行会议任务。

6 月 19—25 日，在北京召开的第七届国际雨水利用大会上作为组委会主席做主旨发言，并当选为国际雨水集流系统协会（IRWCS）执委会主席，任期自 1995 年至 1997 年。

10月，正式当选为中国科学院院士。

11月，任地理研究所第五届学位评定委员会委员，任期自1995年11月至1999年12月。

12月，经广泛推荐、民主选举，当选为中国地理学会第七届理事会理事。

担任国际地理联合会（IGU）区域水文对气候变化的响应专业委员会主席，任期自1995年至1997年。

发表著作《节水农业应用基础研究进展》（石元春，刘昌明，龚元石．节水农业应用基础研究进展［M］．北京：中国农业出版社，1995.）。

1996年 62岁

2月，任地理研究所第七届学术委员会副主任，任期自1996年2月至1999年12月。

3月，被中国地理学会第七届理事会聘请为《地理学报》编委会主编。

发表著作《中国水问题研究》（刘昌明，何希吾，任鸿遵．中国水问题研究［M］．北京：气象出版社，1996.）。

发表论文《论雨水利用及其农业供水的意义》［刘昌明．论雨水利用及其农业供水的意义［J］．生态农业研究，1996，4（4）:9-12.］。

发表论文《南水北调中线工程对汉江中下游的影响分析》［沈大军，刘昌明，陈传友．南水北调中线工程对汉江中下游的影响分析［J］．地理学报，1996，51（5）:426-433.］。

发表论文《区域水资源系统仿真预测及优化决策研究——以汉中盆地平坝区为例》［高彦春，刘昌明．区域水资源系统仿真预测及优化决策研究——以汉中盆地平坝区为例［J］．自然资源学报，1996，11（1）:23-32.］。

发表论文《土壤水分对作物根系生长及分布的调控作用》［冯广龙，刘昌明，王立．土壤水分对作物根系生长及分布的调控作用［J］．生态农业研究，

1996，4（3）:5-9.］。

发表论文《中国水资源调配若干问题的探讨》［刘昌明 . 中国水资源调配若干问题的探讨［J］. 科学对社会的影响，1996（2）:1-11.］。

6 月 19 日，中国科学院国际合作局批准刘昌明等同志一行自 1996 年 8 月 3 日至 1996 年 8 月 12 日前往荷兰执行会议任务。

7 月 2 日，中国科学院国际合作局批准刘昌明等同志一行自 1996 年 8 月 15 日至 1996 年 11 月 15 日前往日本执行合作研究任务。

7 月 8 日，被任命为石家庄农业现代化研究所所长。

9 月，陪同黄秉维先生到石家庄栾城生态农业试验站考察研究。

10 月，担任地理研究所第四届专业技术职务聘任委员会委员，任期自 1996 年 10 月至 1997 年 10 月。

任日本千叶大学遥感研究中心客座教授。

1997 年 63 岁

1 月，任《水文》杂志第四届编委会委员。

2 月，任北京师范大学资源与环境学院院长。

4 月 28 日，被聘为中国农业及农村科学技术专家咨询委员会委员。

7 月 23 日，起草“栾城站 1997—2000 年工作计划实施要点的建议”呈报中国科学院生态网络和中国科学院资源环境科学技术局。

8 月 8 日，经与地理研究所协商，任中科院栾城农业生态试验站站长。

8 月 30 日，被聘为中国科学院禹城综合试验站第四届学术委员会委员。

参加中国科学院国家咨询项目“中国水问题出路”，并主要负责编写报告，时间自 1997 年至 1998 年。

负责参与中国科学院重大项目“华北地区水资源变化及调配的研究”，时间自 1997 年至 2000 年。

9月，由澳大利亚国际农业研究中心资助的“区域农业持续发展中的水土资源评价”（1997—2002年）项目启动会在中科院石家庄农业现代化研究所召开，参加项目的澳方单位为澳大利亚联邦科工组织（CSIRO），中方有中科院水保所、石家庄农业现代化所，刘昌明院士作为中方负责人。
任国际地圈生物圈计划的核心项目水文循环的生物圈方面（IGBP-BAHC）的中国国家工作委员会主席，任期自1997年至2000年。
编著《中国地理学会水文专业委员会第六次全国水文学术会议论文集》（刘昌明. 中国地理学会水文专业委员会第六次全国水文学术会议论文集［M］. 北京：科学出版社，1997.）。
由刘昌明院士等组成的河北省代表团赴意大利、丹麦考察“农业废弃物综合利用技术”。
10月，担任地理研究所第七届研究员任职资格评审委员会委员，任期自1997年10月至1998年11月。

1998年 64岁

3月2日，被授予“中国林学会森林水文及流域治理分会荣誉理事”的称号。
编著《中国21世纪水问题方略》（刘昌明，何希吾，等. 中国21世纪水问题方略［M］. 北京：科学出版社，1998.）。
5月，申请国家重点基础研究发展规划项目：中国大陆水循环系统演化及其资源、环境效应。
7月，参加中国科学院国家咨询项目“黄河断流对策”，并主要负责地学部关于黄河断流的考察以及咨询报告“关于缓解黄河断流的建议”的编写。
与李丽娟共同负责参与中国科学院重点科研项目“中国粮食安全的分区水资源供需分析及对策”（华北地区粮食生产的水供应和需求的现状与趋势预测），时间自1998年至2000年。

负责中国工程院重大咨询项目“中国水资源可持续利用”（“中国水资源现状评价和供需发展趋势分析”“中国城市水资源可持续开发利用”），时间自 1998 年至 2000 年。

被聘为 IGBP-BAHC 国际科学指导委员会（SSC）委员，任期自 1998 至 2001 年。

8 月，与日本筑波大学、千叶大学签署合作协议，先后在太行山站、栾城站、南皮站安装 Campbell 制波文比观测系统三套，开始启动中日间“华北平原 38 度带水循环机理研究”项目。促进了区域水循环过程和地下水平衡研究，以及水、土、粮食生产等多个领域的合作。

9 月 8 日，由中国地理学会、中国科学院水问题联合研究中心和江苏省水利厅、徐州市人民政府等单位联合主办的“雨水利用国际学术研讨会暨第二届全国雨水利用学术讨论会”于 9 月 8—12 日在江苏省徐州市举行，刘昌明在会上做主旨演讲。

11 月，担任地理研究所第八届研究员任职资格评审委员会委员，任期自 1998 年 11 月至 1999 年 12 月。

由其主要参与的科研项目“水资源开发利用及其在国土整治中的地位与作用”获中国科学院科技进步二等奖。

1999 年 65 岁

1 月，由其负责的科研项目“界面水分、能量通量及其动态耦合模型”获得国家“自由申请项目”基金。

3 月，被聘为广州师范学院地理系兼职教授，聘期为 1999 年 3 月—2002 年 2 月。

4 月，由中国地理学会，云南省地理研究所，地理研究所等单位主办，国家自然科学基金委员会、美国曼菲斯大学地理与规划系、联合国山地综合开发中心、云南省地理学会等单位协办的“国际河流合作开发利用和协调管理国际学术讨论会”于 1999 年 4 月在昆明召开，刘昌明在大会上致辞。

8 月 12 日，在石家庄参加中日合作项目学术研讨会，研讨会的议题包括黄土高原生物生产可持续发展及黄淮海平原盐碱地提高生物生产力开发研究。

9 月 10 日，参加中国科学院与中国工程院两院咨询项目“长江洪水与防洪对策”。

11 月 8 日，承担国家自然科学基金资助项目“界面水分、能量通量及其动态耦合模型”。

12 月，被聘为国家重点基础研究发展规划“黄河流域水资源演化规律与可再生性维持机理”项目首席科学家。

编著《地理学发展与创新》。

成功申请“黄河流域水资源环境演化规律与可再生性维持机理”973 项目，时间自 1999 年至 2004 年。

参与科技部软科学重点项目“缓解黄河断流和海河平原地下水下降的节水对策”，时间自 1999 年至 2000 年。

参与国家重大咨询项目“中国可持续发展水资源战略”，任水资源组组长（中国工程院），时间自 1999 年至 2001 年。

出版著作《土壤—作物—大气界面水分过程与节水调控》（刘昌明，王会肖 . 土壤—作物—大气界面水分过程与节水调控［M］. 北京：科学出版社，1999.）。

2000 年 66 岁

5 月，陪同中科院院长路甬祥、副院长陈宜瑜，中科院资源环境科学与技术局局长秦大河等到栾城站检查、指导工作。

5 月，出版著作《今日水世界》（刘昌明，傅国斌 . 今日水世界［M］. 广州：

暨南大学出版社，2000.）。

7 月 7 日，被中国科学院任命为中国科学院石家庄农业现代化研究所所长。

8 月，在汉城召开的第 29 届国际地理大会上，当选为国际地理联合会 (IGU) 副主席。第 29 届国际地理大会于 2000 年 8 月 14 日至 18 日在韩固汉城 COEX 会议中心召开，来自 60 多个国家的 2000 余人参加了这个千禧之年的盛会。中国代表团由刘昌明院士为团长，张国友为秘书长，包括吴传钧院士，陈述彭院士等中国学者共有 150 余人参加了大会。

9 月 12 日，被聘为中国科学院地理科学与资源研究所（简称“地理资源所”或“中科院地理所”）第一届学术委员会委员。

10 月，出版著作《地理学的数学模型与应用》（刘昌明 . 地理学的数学模型与应用［M］. 北京 : 科学出版社，2000.）。

2001 年 67 岁

出版著作《雨水利用与水资源研究》（刘昌明，李丽娟 . 雨水利用与水资源研究［M］. 北京 : 气象出版社，2001.）。

9 月 28 日，被聘请为“小花间暴雨洪水预警预报系统”项目顾问。

出版著作《中国水资源现状评价和供需发展趋势分析》（刘昌明，陈志恺 . 中国水资源现状评价和供需发展趋势分析［M］. 郑州 : 中国水利水电出版社，2001.）。

出版著作《黄河流域水资源演化规律与可再生性维持机理研究和进展》（刘昌明 . 黄河流域水资源演化规律与可再生性维持机理研究和进展［M］. 郑州 : 黄河水利出版社，2001.）。

11 月 15 日，参加在北京师范大学举办的环境与资源 2001 年中国博士后学术研讨会。

12 月 25 日，被任命为中国科学院石家庄农业现代化研究所学术委员会主任。

12 月 25 日，被任命为中国科学院石家庄农业现代化研究所专业技术职务资格认定委员会主任。

12 月 31 日，被聘为地表过程分析与模拟教育部重点实验室学术委员会委员。

2002 年 68 岁

发表论文《华北平原地下水动态及其对不同开采量响应的计算——以河北省栾城县为例》[贾金生，刘昌明 . 华北平原地下水动态及其对不同开采量响应的计算——以河北省栾城县为例［J］. 地理学报，2002，57（2）:201-209.]。

发表论文《南水北调西线调水工程区的自然生态环境评价》[杨胜天，刘昌明，杨志峰，等 . 南水北调西线调水工程区的自然生态环境评价［J］. 地理学报，2002，57（1）:11-18.]。

出版著作《中国江河湖海防洪减灾对策》（钱易，刘昌明 . 中国江河湖海防污减灾对策［M］. 北京 : 中国水利水电出版社，2002.）。

参与项目“西北地区水资源配置生态环境建设与可持续发展”，并负责生态与环境组 (中国工程院)，时间自 2002 年至 2003 年。

10 月 18 日，在珠海参加北京师范大学珠海校区 2002 年开学典礼。

2003 年 69 岁

2 月 16 日，被聘为河南大学兼职教授。

6 月，陪同河北省副省长龙庄伟到中科院栾城农业生态试验站视察小麦生长状况。

6 月 11 日，被聘为建设项目水资源论证报告书评审专家，聘期三年。

出版著作《生态环境需水理论方法与实践》（科学出版社，2003 年）。

担任“淮河流域及山东半岛水资源综合规划”技术顾问。

任全球水系统计划科学指导委员会（GWSP-ESSP）委员。

发表论文《黄河水资源量可再生性问题及量化研究》［夏军，王中根，刘昌明 . 黄河水资源量可再生性问题及量化研究［J］. 地理学报，2003，58（4）:534-541.］。

任国际综合水循环观测科学咨委会委员。

9 月 18 日，被聘为中国科学院天地生科学文化传播中心科普顾问。

2004 年 70 岁

8 月 1 日，获得科学出版社优秀作者奖。

8 月，刘昌明院士连任国际地理联合会（IGU）副主席。 由国际地理联合会（IGU）主办、英国皇家地理学会（RGS-IBG）和苏格兰皇家地理学会（RSGS）联合组织的“第 30 届国际地理大会”于 2004 年 8 月 15—20 日在英国格拉斯哥举行。

8 月，担任“国际全球变化人文因素计划中国国家委员会（CNC-IHDP）”顾问委员会委员，任期四年。

11 月，被授予“国家重点基础研究发展计划（973 计划）先进个人”奖。

参加咨询项目“东北水土资源、生态与环境保护、可持续发展”，负责生态与环境组 (中国工程院)。

被聘任为中国环境科学学会副理事长。

出版著作《水文水资源研究理论与实践：刘昌明文选》（刘昌明 . 水文水资源研究理论与实践 : 刘昌明文选［M］. 北京 : 科学出版社，2004.）。

出版著作《黄河流域气象水文学要素图集》（刘昌明，曾燕，邱新法 . 黄河流域气象水文学要素图集［M］. 郑州 : 黄河水利出版社，2004.）。

出版著作《西北地区生态环境建设区域配置及生态环境需水量研究》（刘昌明，王礼先，夏军 . 西北地区生态环境建设区域配置及生态环境需水量研究［M］. 北京 : 科学出版社，2004.）。

2005 年 71 岁

1 月，被聘为《水利发展研究》特约顾问。

3 月，被聘为《水利水电技术》特邀顾问。

4 月，被聘为《气候变化研究进展》第一届编辑委员会顾问。

担任中国科学院研究生院教材编审委员会地学学科编审组编委，聘期五年。

8 月，作为特邀嘉宾参加全球华人地理学家大会。

8 月，参加由中国科协和新疆维吾尔自治区人民政府联合主办的“中国科协 2005 年学术年会”。

9 月，被聘为中国科学院资源环境科学数据中心学术指导。

10 月 30 日，在北京国际会议中心参加 “首届中国城镇水务发展战略国际研讨会”。

10 月 31 日，获得“河北平原典型地区农业节水示范与地下水可持续利用”项目科学进步二等奖。

在北京师范大学创建了“水科学研究院”并担任第一任院长。

负责中国科学院、院士局、学部重大咨询项目“中国饮水安全与农业水资源战略”，时间自 2005 年至 2006 年。

发表论文《黄河流域地表水耗损分析》［张学成，刘昌明，李丹颖 . 黄河流域地表水耗损分析［J］. 地理学报，2005，60（1）:79-86.］。

发表论文《黄河三门峡以下水资源供需分析》［蒋晓辉，刘昌明 . 黄河三门峡以下水资源供需分析［J］. 人民黄河，2005，27（1）:39-41.］。

2006 年 72 岁

在石家庄建立“节水农业”河北省重点实验室并任主任。

1 月 8 日，被聘为中国科学院生态系统网络观测与模拟重点实验室学术委员会顾问。

4 月 7 日，获得河北省院士特殊贡献奖二等奖。

7 月，中国科学院研究生院授予刘昌明同志为优秀教师。

8 月 1 日，荣获河北省委、省政府颁发的院士突出贡献奖。

9 月 26 日，在西苑饭店参加北京师范大学与中国环境科学研究院共建博士点协议。

9 月 30 日，与北京师范大学水科学研究院全体教职工一起欢庆国庆节。

10 月，与傅国斌先生合著的《今日水世界》荣获 2005 年度国家科学技术进步二等奖，颁奖单位为中国科学院、中国工程院。

10 月，被聘为《水科学数学模型丛书》学术指导委员会主任。

参加在布里斯班举行的 2006 年 IGU 区域国际地理大会。

参与苏北沿海地区产业综合开发战略，负责环境（中国工程院、开发银行、江苏省委省政府）。

参与中国科学院重大咨询项目“新疆生态建设与可持续发展研究”。

与汪集旸共同负责中国科学院重大咨询项目“新疆地下水地表水联合开发利用”。

发表论文《黄河源区基流估算》[陈利群，刘昌明，杨聪，等. 黄河源区基流估算 [J]. 地理研究，2006，25（4）:659-665.]。

发表论文《流域水资源实时调控方法和模型研究》[王煜，黄强，刘昌明. 流域水资源实时调控方法和模型研究[J]. 水利学报，2006，37(9):1122-1128.]。

出版著作《流域水循环分布式模拟》（刘昌明. 流域水循环分布式模拟 [M]. 郑州：黄河水利出版社，2006.）。

10 月 11 日，作为北京师范大学水科学研究院院长参加“民政部、教育部、减灾与应急管理研究院”揭盘仪式。

12 月 3 日，参加中国科学院水资源研究中心揭盘仪式。

2007年 73岁

被聘请为水利部水土保持生态工程技术研究中心专家委员会名誉委员。

3月20日，被聘为“黄河流域水沙变化情势评价研究”的常务咨询专家。

3月，被聘为“跨流域调水对陆地水循环影响与水安全研究”专家组成员。

6月27日，参加北京师范大学水科学研究院2007届研究生毕业典礼暨学位授予仪式。

11月27日，参加在北京召开的中国水危机与公共政策论坛。

12月，荣获由中国环境科学院研究生部颁发的授课纪念证书。

12月6日，获得由中华人民共和国国务院颁发的“国家自然科学奖”二等奖证书。

12月20日，被聘请为水利部水土保持生态工程技术研究中心专家委员会名誉委员。

发表论文《分布式水文模型的参数率定及敏感性分析探讨》[王中根，夏军，刘昌明，等.分布式水文模型的参数率定及敏感性分析探讨［J］.自然资源学报，2007，22（4）:649-655.]。

发表论文《河道内生态需水量估算的生态水力半径法》[刘昌明，门宝辉，宋进喜.河道内生态需水量估算的生态水力半径法［J］.自然科学进展，2007，17（1）:42-48.]。

出版著作《流域水资源合理配置与管理研究》（柳长顺，刘昌明，杨红.流域水资源合理配置与管理研究［M］.北京：中国水利水电出版社，2007.）。

2008年 74岁

参与建立河北栾城农田生态系统国家野外科学观测研究站。

1月，被聘为水利部科学技术委员会委员。

1 月，被聘为《中国科学：地球科学》编辑委员会委员。

3 月，被中华人民共和国水利部赋予“全国水利先进个人”荣誉称号。

4 月 8 日，被聘为水利部对应气候变化研究中心第一届专家委员委员。

5 月 10 日，被中国科学院研究生院赋予“杰出贡献教师”荣誉称号。

6 月 10 日，被聘请为地理资源所第三届学术委员会副主任。

8 月 21 日，中国水利报发表关于现代水利周刊就“绿水”这一概念对刘昌明院士进行采访的报道。

9 月 20 日，被聘请为水利部综合事业局科学技术委员会顾问。

10 月 28 日，荣获河北科技大学第五届“环境教育奖”。

12 月，被聘请为西北大学第三届校友总会理事会理事。

12 月，河南省新闻出版局出版的刘昌明院士著作《流域水循环分布式模拟》荣获 2006—2007 年度河南省优秀图书二等奖。

发表论文《河流健康理论初探》[刘昌明，刘晓燕 . 河流健康理论初探 [J] . 地理学报，2008，63（7）:683-692.]。

发表论文《闸坝河流河道内生态需水研究——以淮河为例》[赵长森，刘昌明，夏军，等 . 闸坝河流河道内生态需水研究——以淮河为例 [J] . 自然资源学报，2008，23（3）:400-411.]。

2009 年　75 岁

1 月 1 日，被聘请为山东省水资源与水环境重点实验室第一届学术委员会主任，聘期五年。

1 月，北京市学位委员会、北京市教育委员会颁发证书表彰刘昌明院士为北京市学位与研究生教育所做出的贡献。

2 月 4 日，被聘请为中国科学院陆地水循环及地表过程重点实验室主任。

2 月 5 日，被聘请为地理资源所所史编研委员会顾问。

3 月 18 日，被聘请为国际地圈生物圈计划中国委员会（IGBP-CNC）第六位常务委员，任期四年。

8 月 1 日，科技日报发表关于刘昌明院士在学术报告“全球气候变化下流域综合管理”中提出应加强对“绿水”的研究的报道。

10 月，被水利部发展研究中心聘请为《水利发展研究》第三届编辑委员会顾问。

10 月 21 日，腾讯科技发表关于刘昌明院士提出 2030 年中国实现水需求零增长的报道。

10 月 24—25 日，参加在北京召开的“水文模型国际研讨会”。来自美国、德国、荷兰、澳大利亚、瑞士等国家的专家学者以及国内清华大学、武汉大学、河海大学、四川大学、北京师范大学等著名高校的专家学者和研究生近 200 人参加了会议。本次会议的宗旨在于促进水文模型的研究、应用及交流，推动解决目前水文模型发展中遇到的各类难题和瓶颈。会议安排了 16 个特邀报告和近 20 个专题报告。

11 月，被聘请为中国自然资源学会水资源专业委员会科学顾问，任期五年。

参与中国科学院重大咨询项目“中国水问题”，并负责课题“我国北方重点地区水资源承载力与节水型社会建设”，时间自 2009 年至 2010 年。

发表论文《水文模型参数优选的改进粒子群算法参数分析》[江燕，刘昌明，武夏宁 . 水文模型参数优选的改进粒子群算法参数分析 [J]. 水电能源科学，2009，27（1）：24-27.]。

发表论文《水循环研究是水资源综合管理的理论依据》[刘昌明 . 水循环研究是水资源综合管理的理论依据 [J]. 中国水利，2009（19）:27-28.]。

12 月 27 日，在北京师范大学水科学研究院参加学生段伟的论文开题报告“官厅水库入库水质净化复合人工湿地系统研究”。

2010 年 76 岁

6 月 18 日，担任水土流失过程与控制实验室学术委员会副主任委员。

9 月 9 日，被聘为陕西师范大学出版总社组织编写的《中国地学通鉴》编委会主任。

参与中国科学院重大咨询项目“南水北调中线工程核心水源区生态经济可持续发展研究咨询”。

发表论文《区域水资源承载力概念及研究方法的探讨》［段春青，刘昌明，陈晓楠，等 . 区域水资源承载力概念及研究方法的探讨［J］. 地理学报，2010，65（1）:82-90.］。

发表论文《水循环多元综合模拟系统（HIMS）的研究进展》［刘昌明，王中根，杨胜天，等 . 水循环多元综合模拟系统（HIMS）的研究进展［J］. 水利发展研究，2010，10（8）:5-8.］。

2010 年 11 月 4—6 日，在北京香山饭店参加以中日水管理交流为重点的“中日首都圈水务技术研讨会”。会议邀请了中日两国供水、排水、地下水、水环境、水灾害等领域的专家和学者，围绕北京和东京的供排水现状及存在的问题、水生态环境保护现状及存在的困难、不同水管理模式的优劣势开展讨论，相互交流。

2011 年 77 岁

4 月 1 日，刘昌明作为课题组成员参加了中共中央政治局常委、国务院总理温家宝主持召开的会议，会议听取了《浙江沿海及海岛综合开发战略研究综合报告》的汇报。这个报告是近十年来中国工程院组织院士、专家进行系列专题研究取得的重大成果之一。温家宝对院士、专家们紧紧围绕国家经济社会发展重点任务开展战略性研究，付出辛勤努力和作出的重要贡献表示崇高敬意和衷心感谢。

被聘请为兰州大学旱区流域科学与水资源研究中心首届学术委员会主任，聘期自 2011 年 8 月至 2014 年 8 月。

9 月，被水利部水文编辑部聘请为《水文》杂志第七届编委会委员。

10 月，在石家庄举办的中国科学院栾城农业生态系统试验站 30 周年站庆暨“环境变化与农业资源高效利用”国际学术研讨会上致辞。

参加咨询项目“关于加强南水北调中线水源区水资源保护与管理研究的建议”。

与王光谦联名提出关于加强南水北调中线水源区水资源保护与管理研究的建议，并获温家宝批复。

参加咨询项目“中国海陆交互作用带环境特征、相宜利用与学科发展”，时间自 2011 年至 2012 年。

参与中国科学院院士工作局、中国工程院学部工作局、中国科协学会学术部、新疆维吾尔自治区科协 “天山南北院士行”科技咨询项目，并主要参加水资源咨询。

与汪集旸共同负责中国科学院重大咨询项目“新疆洪水调控利用与地下水储备战略”。

发表论文《河湖水系连通的理论探讨》[王中根，李宗礼，刘昌明，等 . 河湖水系连通的理论探讨［J］. 自然资源学报，2011，26（3）:523-529.]。

发表论文《华北平原典型井灌区农田水循环过程研究回顾》[沈彦俊，刘昌明 . 华北平原典型井灌区农田水循环过程研究回顾［J］. 中国生态农业学报，2011，19（5）:1004-1010.]。

2012 年 78 岁

1 月 1 日，被中国科学院水利部成都山地灾害与环境研究所聘请为“泥石流动力过程及调控模拟”课题组咨询专家，聘期 4 年。

1 月，“流域水量水质综合模拟技术及其应用平台”项目被教育部评为科学技术进步二等奖。

3 月 23 日，荣获 2011 年度河北省科学技术突出贡献奖。

3 月 27 日，在昆明召开的喜马拉雅气候变化国际会议上作特邀报告（青藏高原的气候变化与水文研究）。

8 月 16—20 日，参加在北戴河召开的河北省院士联谊会第七次会员会议。

11 月 18 日，参加南皮生态农业试验站发展战略研讨会暨院士工作站揭牌仪式。

12 月 3 日下午，参加在地理资源所举行的全国科学院联盟地理资源分会成立仪式。

12 月，被聘请为中国科学院陆地水循环及地表过程重点实验室第二届学术委员会委员。

发表论文《基于 HIMS 的渭河中游黑峪口子流域径流模拟及其对气候变化的响应研究》[梁康，刘昌明，王中根，刘晓伟 . 基于 HIMS 的渭河中游黑峪口子流域径流模拟及其对气候变化的响应研究［J］. 人民黄河，2012，34（10）:13-14.］。

发表论文《作为水文科学基本理论的水循环研究若干探讨》（刘昌明，梁康 . 作为水文科学基本理论的水循环研究若干探讨［J］. 中国水文科技新发展——2012 中国水文学术讨论会论文集，2012.）。

2013 年 79 岁

1 月 12 日，中共河北省委宣传部在河北会堂举办了 2012 年河北十大新闻、年度十大新闻人物揭晓暨颁奖晚会。北京师范大学水科学研究院首任院长、中科院地理科学与资源研究所研究员、中科院遗传与发育生物学研究所农业资源研究中心研究员、刘昌明院士荣获 2012 年度河北省十大新闻人物。

《西藏高原缺资料地区 HIMS 水文过程模拟及突发性山洪风险预警研究》获西藏自治区科学技术二等奖。

1 月 24 日，荣获教育部颁发的流域水量水质综合模拟技术及其应用平台科学技术进步奖二等奖。

5 月 9 日，在北京师范大学参加首届京师绿色发展论坛并做主旨演讲。

7 月 29 日，出席由中科院农业水资源重点实验室在石家庄举办的学术年会暨农业水问题高层论坛——水资源国家重大需求与学科前沿研讨会。

参加咨询项目“我国中西部重点山区发展战略问题与对策研究”。

发表论文《有关地理学研究中几个学术问题的研讨——学习黄秉维院士严谨治学的精神》[刘昌明，刘小莽，张丹，等 . 有关地理学研究中几个学术问题的研讨——学习黄秉维院士严谨治学的精神［J］. 地理学报，2013，68（1）:3-9.]。

发表论文《民勤绿洲的生态修复必须强化石羊河全流域水资源综合管理》[刘昌明，李中锋 . 民勤绿洲的生态修复必须强化石羊河全流域水资源综合管理［J］. 中国水利，2013（5）:16-18.]。

2014 年 80 岁

被聘为兰州大学旱区流域科学与水资源研究中心首届学术委员会主任，任期 3 年。

向中国科学院石家庄农业现代化研究所进行捐赠，自此石家庄农业现代化研究所农业资源研究中心设立了“昌明奖学金”。

2 月，因西藏高原缺资料地区 HIMS 水文过程模拟及突发性山洪风险预警研究荣获西藏自治区人民政府颁发的二等奖。

牵头并参与咨询项目中国水安全保障的战略与对策，时间自 2014 年至 2015 年。

编著《水文科学创新研究进展》《中国水文地理》。

发表论文《现行普适降水入渗产流模型的比较研究：SCS 与 LCM》［李军，刘昌明，王中根，等 . 现行普适降水入渗产流模型的比较研究：SCS 与 LCM［J］. 地理学报，2014，69（7）:926-932.］。

发表论文《改进生态位理论用于水生态安全优先调控》［张晓岚，刘昌明，赵长森，等 . 改进生态位理论用于水生态安全优先调控［J］. 环境科学研究，2014，27（10）:1103-1109.］。

出版著作《水文科学创新研究进展》（刘昌明 . 水文科学创新研究进展［M］. 北京 : 科学出版社，2014.）。

出版著作《中国水文地理》（刘昌明 . 中国水文地理［M］. 北京 : 科学出版社，2014.）。

9 月 19 日，带学生到河北易县水土保持试验站实习。

10 月 22 日，出席中国科学院农业水资源重点实验室暨河北省节水农业重点实验室在石家庄市联合召开的 2014 年度学术委员会会议。

2015 年　81 岁

3 月 5 日，黄河报发表关于刘昌明院士谈南水北调的报道。

10 月，被聘为中国科学院大学岗位教授，聘期三年。

10 月 10 日，论文《中国地表潜在蒸散发敏感性的时空变化特征分析》被中国科学技术信息研究所评为 2014 年度 F5000 论文。

发表论文《华北平原典型农田氮素与水分循环》［裴宏伟，沈彦俊，刘昌明 . 华北平原典型农田氮素与水分循环［J］. 应用生态学报，2015，26（1）:283-296.］。

发表论文《绿水信贷及其在中国流域生态补偿中的应用》［白占国，刘昌明，陈莹，等 . 绿水信贷及其在中国流域生态补偿中的应用［J］. 水利经济，

2015，33（4）:66-71.］。

11 月 4 日，与美国工程院院士、康奈尔大学 Wilfreid H.Brutsaert 教授到中国科学院栾城农业生态系统试验站进行学术访问与交流。

2016 年 82 岁

1 月 6 日，中国气象报发表关于刘昌明院士谈南水北调工程面临气候变化带来的风险的报道。

任“雄安新区水城共融建设战略咨询研究”项目负责人，时间自 2016 年至 2018 年。

参与中国科学院与工程院两院资深院士工作委员会“中国两个百年科技发展战略”，并任民生组副组长。

负责中国科学院院士咨询项目“基于低影响开发的城市水生态战略建议”，时间自 2016 年至 2018 年。

发表论文《城镇水生态文明建设低影响发展模式与对策探讨》［刘昌明，王恺文 . 城镇水生态文明建设低影响发展模式与对策探讨［J］. 中国水利，2016（19）:1-4.］。

发表论文《稀缺资料流域水文计算若干研究 : 以青藏高原为例》［刘昌明，白鹏，王中根，等 . 稀缺资料流域水文计算若干研究：以青藏高原为例［J］. 水利学报，2016，47（3）:272-282.］。

2017 年 83 岁

年初，接受河北建筑工程学院的请求，同意在河北建筑工程学院设立院士工作站。

4 月 10—13 日，受邀参加在贵阳市中科院地球化学研究所召开的“全球水循环观测和模拟论坛”，并做了题为“迎接 WCOM 世界第一颗水循环卫星发射”专题报告。

4 月 14 日，受邀参加在湖南省长沙市召开的“第四届中国（国际）水生态安全战略论坛”，并做了题为“基于 LID 城市水生态维护若干问题讨论”的大会主题报告。

4 月，与夏军院士牵头申请了中国科学院学部咨询评议项目“雄安新区水城共融建设战略咨询研究”。

5 月 13 日，参加以“水利、创新、融合、发展”为主题的水科学高层论坛暨《南水北调与水利科技》编辑委员会会议。

6 月 4 日，在北京师范大学京师大厦 9612A 会议室参加学生章杰毕业论文答辩。

6 月 10 日，在中科院地理所开会，散会时不慎摔倒，大腿骨折，住进北京中医药大学第三附属医院接受治疗，8 月 17 日出院。

参与院士咨询与论证项目“‘一带一路’自然灾害风险防范”，时间自 2017 年至 2018 年。

参与院士咨询与论证项目“长江经济带重大战略问题研究”，时间自 2017 年至 2018 年。

参与院士咨询与论证项目“气候变化对三北防护林影响的战略研究”，时间自 2017 年至 2018 年。

10 月，刚从医院回家不久的刘昌明院士即接受河北建筑工程学院的盛情邀请，来张家口地区考察调研并为该校师生作学术报告。

11 月 25 日，在北京师范大学京师大厦参加 2107 城市水文学海绵城市技术学术报告会。

12 月 6 日，“流域径流形成与转化的非线性机理”项目，获得“国家自然科学奖二等奖”。

12 月 15 日，在人民大会堂参加“2018 国际青少年科普大会”。

2018年 84岁

1月6日，受邀参加水环境研究院专家讲坛第五讲，做了题为“中国水热要素时空变化若干问题的探讨”的报告。

1月10日下午，在中国科学院地理科学与资源研究所参加陆地水循环及地表过程院重点实验室第二届学术委员会第五次会议暨2017年度战略委员会会议。实验室学术委员会主任、中国科学院院士傅伯杰，副主任、中国科学院院士夏军，学术委员会委员、中国科学院院士王光谦，北京林业大学教授余新晓，战略委员会委员、中国科学院、中国工程院院士孙鸿烈、李文华、郑度、孙九林、陆大道，地理资源所研究员刘纪远出席会议。实验室职工共30余人参加了会议。

1月25日，在北京世纪金源大酒店参加“北京市海绵城市建设关键技术与管理机制研究和示范”课题第一次工作会。

3月，组织撰写了3000字的《雄安新区水城共融建设战略咨询研究》咨询报告。

4月2日，在中科院地理所参加吴传钧先生学术思想研讨会。

4月2—3日，在北京友谊宾馆参加国家重点研发计划项目“黄河流域水沙变化机理与趋势预测”2017年度学术交流会议。

5月20日，出席在中国科学院栾城农业生态系统试验站举行的“厚包气带水文生物地球化学循环试验平台”开工仪式。

5月21日，参加由中国科学院遗传与发育生物学研究所农业资源研究中心与栾城区委区政府在中国科学院栾城农业生态系统试验站联合召开的以“栾城区乡村振兴战略”为主题的恳谈会。

5月21日，参加由中国科学院遗传与发育生物学研究所农业资源研究中心栾城试验站召开的中国生态系统研究网络（CERN）30周年座谈会。

5月24日，在刘昌明院士的带领下，由中国科学院遗传与发育生物学研究所农业资源研究中心、中国科学院地理科学与资源研究所、中国科学院成都山地灾害与环境研究所、中国环境科学院、北京师范大学、华北电力大学及南京信息工程大学等单位50余位专家学者组成的水资源团队对京津冀地区水资源可持续利用状况进行了调研，并到农业资源研究中心栾城农业生态系统试验站考察工作。

6月、7月，先后两次到张家口地区考察河流水环境状况和坝上地区灌溉农业发展情况。

7月1日，出席在贵州举行的“贵州省科学技术协会第35期学术沙龙——2018年生态文明贵阳国际会议系列”。

7月6日，出席“湿地修复与全球生态安全”论坛。

7月7日上午，出席在贵州国际生态会议中心举办的生态文明贵阳国际论坛2018年年会开幕式。

7月8日上午，由北京师范大学主办、贵州师范大学承办的“创新发展与绿色转型”主题高峰会在贵阳国际生态会议中心举行，刘昌明院士担任高峰会主席。

7月9日，与贵州师范大学副校长杨胜天教授等专家一行到贵阳水务集团、贵阳市水科技技术院士工作站进行调研指导。

7月20日，在张家口参加“第三届京津冀建筑类高校研究生学术论坛”，并做《中国城市化及水问题》学术报告。

7月，成立以刘昌明院士为首的《雄安新区水城共融建设战略咨询研究》咨询修编小组。

发表文章《中美地理学学术交流40周年纪念》[姚士谋，刘昌明，唐邦兴．中美地理学学术交流40周年纪念[J]. 人文地理,2019,34(1):159-160.]。

9 月 12 日，在北京裕龙酒店参加北京水土保持学会理事会会议，探讨“保护水土资源，建设美丽家园”工作。

9 月 26 日上午，受邀出席由水利部淮河水利委员会（以下简称“淮委”）在安徽合肥召开的“新时代治淮科技问题研讨会暨淮委科学技术委员会会议”，并受聘为新一届淮委科学技术委员会顾问。9 月 26 日下午，与各单位的多位专家学者共同参观了淮河防洪除涝减灾实体模型，淮委副主任顾洪陪同参观。

2019 年　85 岁

1 月 7 日上午，在中国科学院地理科学与资源研究所参加陆地水循环及地表过程院重点实验室 2018 年度学术年会。实验室全体职工、研究生、博士后等共 120 余人参加会议。会议由实验室副主任卢宏玮主持。

5 月 24 日，在天津市东丽区华明大道 20 号参加天津市院士专家工作发展促进会（简称“促进会”）二届一次会员大会暨科技与自主创新交流会。促进会积极推动国内外科技、项目对接，加快引导企业、行业与国际前沿科技接轨，加速科技成果转化。

11 月 1 日，参加在北京国家会议中心举行的中国地理学大会暨中国地理学会成立 110 周年纪念活动。

11 月 9—10 日，在北京友谊宾馆参加第十七届中国水论坛，并在论坛开幕式上，发表了精彩的主旨演讲。本届水论坛以“探索水科学未来，助力可持续发展”为主题，围绕面向未来的水资源创新管理、水生态安全、水灾害管理、水信息技术、重点区域水系统问题等多个主题方向展开，旨在为我国经济社会可持续发展和生态文明建设的水安全保障提供科技支撑。来自国内外多所高校、科研机构及相关企事业单位的 1300 余名专家学者和研究生参加了本届论坛。本届水论坛共开设了 12 个分会场，全国水科学领域的专家学者汇聚一堂，开展了广泛而深入的交流和讨论，分会期间共进行了 200 余场学术报告。

本届水论坛闭幕式上首次颁发了“中国水论坛终身成就奖”，致敬和奖励多年来在水科学领域耕耘并做出重要贡献的资深学者与领军人物。刘昌明院士和林学钰院士获得该项荣誉。

此外，今年恰逢我国关于黄河的首个国家重点基础研究发展计划（973 计划）项目——“黄河流域水资源环境演化规律与可再生性维持机理”获批二十周年。为纪念我国水科学领域这一里程碑式的重大项目，本届水论坛特别举办了“黄河流域生态保护与高质量发展”高峰座谈会，该项目首席科学家刘昌明院士、王浩院士、王光谦院士、倪晋仁院士、水利部黄河水利委员会科技委主任陈效国、水利部前副部长王守强、北京师范大学副校长郝芳华教授等项目核心专家与近百名学者共同座谈，为黄河流域生态保护与高质量发展建言献策。

11 月 11—12 日，作为中科院院士专家调研组成员到河北省衡水市，就“衡水湖保护与发展”开展调研并召开座谈会。

11 月 21—22 日，在北京会议中心参加中国生态系统研究网络（CERN）成立三十周年学术研讨会。会议由中国科学院科技促进发展局、中国生态系统研究网络主办，中国科学院地理科学与资源研究所承办。会议主题为“总结经验、分享成果、放眼未来”，旨在传承 CERN 优良传统、分享经验，促进 CERN 的开拓创新和对外开放，传播新知识、交流新思想、展示新成果，助推我国生态系统观测研究的创新发展。

2020 年　86 岁

5 月 10 日，参加腾讯视频会议，会议主题：“漫谈水文地理学与水资源发展与创新”，会议由地理资源所水文室副主任张永强研究员主持。

7月5日，在昌平九华观光农业示范园区，与北京师范大学水科学研究院领导班子全体成员商讨水科院学科建设以及听取院长程红光教授对学院概况介绍。

7月16日，在自然资源部参加“黄河流域重点地区水土资源综合调查与水平衡分析”可行性报告咨询会。王浩院士、傅伯杰院士等专家参加了会议。

8月20日，中国环境科学研究院天津分院产业发展委员会专家聘任仪式在天津市滨海新区天河科技园3号办公楼举行，为中国科学院院士刘昌明、中国环境科学研究院原副院长兼总工程师夏青等颁发聘书。

8月21日，中国科学院刘昌明院士及地理资源所李发东研究员一行到南开大学中加中心指导工作，并参观指导了中加中心实验室及研发平台建设。

10月25日上午，刘昌明院士参加在甘肃陇南武都区举办的油橄榄产业高峰论坛暨产销对接洽谈会。

11月5日，陕西省黄河研究院成立大会暨首届黄河论坛启动仪式在西北大学举行。刘昌明等10位院士领衔的40余位专家学者齐聚西北大学，为黄河流域生态保护和高质量发展建言献策。

11月6—8日，以“水科学与未来地球”为主题的第十八届中国水论坛在南京顺利召开。中国科学院刘昌明院士、夏军院士等1200余名专家和代表出席了开幕式。

11月10日，由浙江省水利学会和杭州滨江区人民政府主办的浙江省水利学会2020学术年会暨科技治水峰会在杭州召开。中国科学院院士刘昌明作了《水环境模拟：基于水系统和水循环理念的研发》为题的特邀报告。

2021年 87岁

6月7日，在中国科技会堂参加《“十四五”水安全保障规划》专家论证会。

7月10日上午，在武汉参加长江生态环保集团院士工作站揭牌仪式，长江生态环保集团院士工作站由长江生态环保集团与水文水资源学家刘昌明院士领衔的团队联合成立。

7月12日,刘昌明院士参加2021年生态文明贵阳国际论坛,论坛的主题是“低碳转型 绿色发展——共同构建人与自然生命共同体”。

7月17日，刘昌明院士参加在呼和浩特市敕勒川草原举行的“院士青城行”活动启动仪式并作主旨报告。

9月3日，在北京民族文化馆出席由上海合作组织秘书处主办的“上合-中国水谷院士圆桌会议”。

9月29日，刘昌明参加由中国工程院组织的南水北调后续工程专家咨询委员会，任生态环境组组长。

10月15日，刘昌明获西北大学第五届杰出校友“玉兰奖”，并应邀做“杨钟健学术讲座”第一百八十七讲，题为“生态水文理论与实践的若干问题商榷”的报告。

2022年88岁

3月2日，到怀柔雁栖湖中国科学院大学作题为“水环境数值模拟——基于水系统的水生态水环境计算模拟的若干讨论”的讲座。

4月19日，北京师范大学水科学研究院新一届领导班子到家中家看望刘昌明院士，并汇报学院的最新进展。

5月10日，到中南海参加“南水北调后续工程”座谈会。

8月8日，到崇礼与河北建工学院领导交流，并听取学校科技处关于张家口院士工作站有关情况汇报。

后记·我印象中的刘先生

2014 年 5 月 13 日，刘昌明（左）与吴永保（右）在美国阿拉斯加冰川考察

我叫吴永保，现于北京师范大学水科学研究院（以下简称“北师大水科院”）工作，曾在北师大水科院做过学生工作和工会工作，目前我的主要工作是院士秘书。我和刘先生于 1992 年相识，至今已整整 30 年了，期间有一些小故事在这里回顾一下。

1992 年，我有幸来到中国科学院石家庄农业现代化研究所（以下简称“石家庄所”）工作，由于在部队期间从事过运动通信，学会了汽车驾驶，退伍后经人介绍来到石家庄所担任司机。差不多是同一时间，刘先生被委派到石家庄所任所长。石家庄所办公楼西侧有一排车库，车库旁边是一个二层小楼，一楼是研究所自己经营的日用品商店，二楼是司机班的宿舍。我家在郊县，平时我就住在这个二楼的单身宿舍。刘先生作为所长，却平易近人，晚饭后常会到车库这边走走，见我一个人站在二楼的走廊上，便与我聊天，问我是否想家，下班后都做些什么等。那个时候还没有手机，也没有电脑，生活很单调，刘先生让我接触到了很多新鲜的事物，开拓了我的眼界。有一次，刘先生带我去他的办公室，他的办公室里有一台电脑，白色的，看起来比现在的厚重多了，说用的是DOS系统，当时我也听不懂。我只记得他办公室的书橱里除了书之外，还摆放着几件工艺品，其中有一个黑人少女人像，身着艳丽的民族服饰，走近仔细一看原来全是用蝴蝶翅膀拼接而成的，很精美，说是从博茨瓦纳带回来的，还跟我说如果想看书可到他办公室里来。当我离开时，先生还送了一袋子茶给我，茶的外包装是白色的布袋，上面印有BLACK TEA MADE IN SRI LANKA（斯里兰卡红茶）。先生还同我一起去看过电影，逛过商场，还记得那时我想给父母买一台电视机，但身上钱不够，刘先生就主动说要帮我支付，电视机买回去后，我父母很高兴，并嘱咐我要尽快把钱还给刘先生。这些点滴小事给当时年轻的我带来了很多快乐，让远离家乡的我感受到了温暖，所以30年过去了还一直记得。

刘先生来到石家庄所的时候，正值改革开放的初期，所里各个部门都在搞开发，但开发部门由于经营不善，管理不严，引来不少官司，使得作为所长的他甚是头疼。所以后来他说，我们科研单位，就要把全部精力都用到科研上，不要搞开发了。这也是他一贯的思想，包括他在家人面前也经常这么说，不准家人搞房产买卖、股票投资等开发类事项，他说这样会影响他的科研精力。

要说刘先生到石家庄所后最明显的变化，还是对外交流方面。以前所里国际交流很少，刘先生来所里之后，经常会看到一些外国人的面孔，说着外国话，前呼后拥一大堆人，在当时这应该是所里的大事了。刘先生用流利的英语跟外宾交流，我作为司机也跟随左右，对刘先生极其崇拜。当时我想如果我也能听懂“老外”的话，能用英语与“老外”交流多好啊。后来我在报纸上看到北京师范大学继续教育学院在招生，立马就报名了。刘先生一直鼓励我，在跟刘先生一块出去时，我有不懂的英语单词就问，有时也有关于水方面的问题，刘先生也总是耐心解答，这大大地提高了我的学习兴趣与信心。

刘先生到石家庄所不久，就先后与丹麦、澳大利亚、日本等国开展国际合作，我印象最深的当属与日本的合作。刘先生说他累计出国 100 多次，但其中去日本就有 30 多次。日本著名水文学家新滕静夫教授就说，刘昌明在日本比他的知名度还高，这充分说明与日本合作的深度与广度。刘先生一直重视试验研究，他说只有掌握第一手资料，才能写出高水平文章。当时石家庄所沿北纬 38 度带有三个试验站：太行山山地生态试验站、栾城农业生态系统试验站、南皮生态农业试验站。在刘先生的推动下，日本千叶大学等科研机构的科研人员在太行山站建立了气象自动观测系统，安装了波文比仪，并沿北纬 38 度，从太行山一直到黄骅的渤海湾，在沿途水井取水，利用碳 14 的放射原理，测定地下水的年代。这个活动我全程进行了跟踪服务，当时参加这项研究的还有石家庄所的杨永辉研究员。据说这项工作的开展，为华北平原地下水研究提供了一些参考。

刘先生是一个时间观念很强的人，这一是指守时；二是指珍惜时间。2021 年 3 月，刘先生下午 3 点要到中国科学院大学怀柔雁栖湖校区讲课，由于上午一直在认真备课，忘了吃午饭，等要准备吃饭时发现时间有点紧，担心会迟到，所以一口都没来得及吃就带上笔记本和 U 盘，直接上车奔赴怀柔，结果是我们提前了半个小时到达。当时刘先生已是 87 岁高龄了，还坚持站着给学生讲课，经过助教的劝导，先生才坐下来，这次讲座持续了两个半小时。课后负责联络的老师要留我们吃晚饭，先生说疫情期间我们就不聚餐了。离开学校不远，我俩自己找了一个馆子。先生说：“不聚餐除疫情原因之外，还有就是人多吃饭，还要寒暄、说话浪费时间，我们两个吃饭既轻松，又省时，还能点可口的饭菜。”这真是一个不错的主意。

刘先生把时间看得很宝贵，2006 年 3 月 2 日中国水利报撰文《和时间赛跑的人》，说他这一生都在和时间赛跑，他希望把几个人生才能做完的事情用一个人生做完。有一次我在北师大沙河校区参加校友会组织的活动，北师大心理学部主任刘嘉教授作报告时说，要想成功是必须要付出时间的，他本人每天工作 10 小时左右，而他的导师（是一位院士）每天工作 16 个小时。当我跟刘先生说起这个事情时，刘先生说他每天至少也得工作 10 个小时，这正如英国哲学家培根的一句名言“时间是衡量事业的标准”。

另一件令我印象深刻的事是 2001 年的一天，我一大早去机场接刚从国外回来的刘先生，到他家小区附近时是 8 点左右。刘先生一看时间，没有回家，而是和我在路边吃了早点，然后直接赶往北大会场了。好多年轻人从国外回来都要倒时差，而刘先生的这种精神和精力真是令人佩服。

刘先生一生谦虚谨慎，艰苦朴素。他偶尔也会背一段毛主席语录：“我们要时刻坚持两个务必，务必继续保持谦虚、谨慎、不骄、不躁的作风；务必继续保持艰苦奋斗的作风。”2004 年 1 月，刘先生要到意大利参加一个国际会议，出国前到西二环的官园桥市场买衣服。他花了 40 元买了一件墨绿色的条绒西服上衣，穿在身上也算合身，但我觉得一个大科学家出国，穿一件 40 元的衣服，不够体面，可刘先生却说只要穿得得体就好。

先生对待学生总是很温和，很少见他冲学生发火，他把跟学生的关系归结为：首先是朋友，再就是战友，然后才是师生。他在作报告时经常说，我研究水问题几十年了，但我许多问题还是没有弄明白，还是一个学生，我们互相学习，共同探讨。所以他的 PPT 的许多题目都是“对……问题的商榷或讨论”等。

“淡泊名利，杜绝忽悠”是刘先生的座右铭，他经常教育学生“做学问要耐得住寂寞，要到科研的第一线，多做试验，有了第一手资料，才会写出高水平文章”。这是当年北师大水科院他的学生党素珍在拿一篇综述性文章让他指导时，先生给出的意见。

先生勤奋好学，他常说 “活到老，学到老（You are never too old to learn）”。记得有一次在京丰宾馆开会，他的弟子李丽娟在会间休息时问先生:“您说一个人的成功秘诀是什么呢？”刘先生回答得干脆:“读万卷书，行万里路”。刘先生从苏联留学回国时，带回来最多的就是书，他把节省下来的大部分钱都买成了书，除了水方面的也有其他方面的，比如：生物、音乐等。他说水生物跟水生态关系密切，了解一下有好处。

刘先生（右）演奏小提琴

刘先生对科研工作很执着，在留苏期间写了七本学习笔记，字写得很小（可能是为了节约用纸吧），写得也很工整，并且保存得比较完好。他留苏期间实验水文学对他的影响比较大，回国后他在中国科学院地理科学与资源研究所（以下简称“中科院地理所”）首次建立了室内降雨径流实验室，并带领团队和学生深入研究。有一次刘先生和傅伯杰先生一起到石家庄出差，路上傅先生问刘先生：“您说要想当选一名院士要具备哪些特质呢？”刘先生答：“一个人要成功，就要在一个领域深入不断地去做一件事，一直坚持下去，最后成功的可能性就很大。”

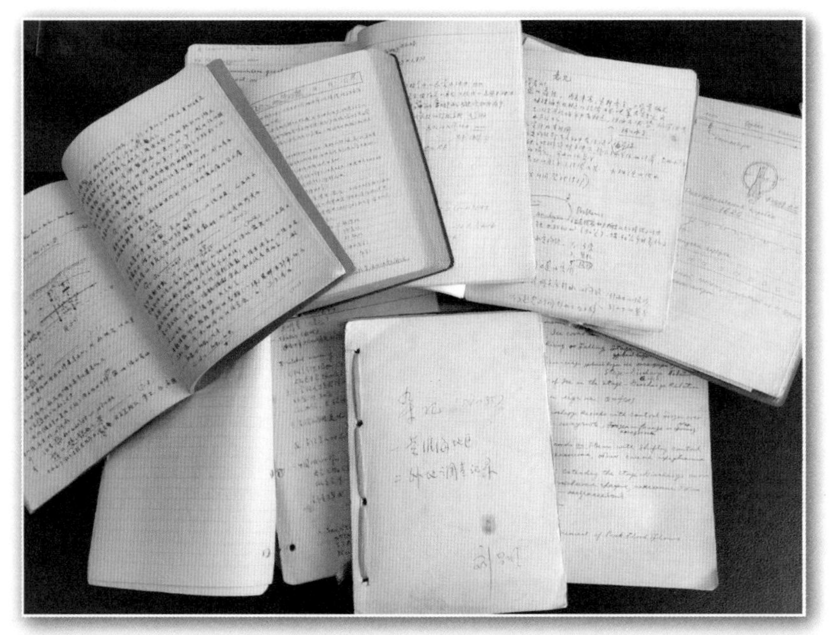

刘先生的部分学习笔记

刘先生一生的最爱就是他的科研工作。据他爱人关老师说，先生晚上做梦，梦话里都在作报告，有时说得还挺清楚，声音也挺洪亮，但说的什么她也记不得了。我开玩笑地说，以后给您准备一支录音笔，先生再说梦话时，您给录下来，然后编织一个“水科学梦”。

先生的心每时每刻都在他的科研工作上，我把这些小故事归纳为：“医”“食”“住”“行”。首先说“医”，这当然是就医的医。大概是2007年春天，先生感觉身体不适，到离家较近的解放军306医院就诊，经检查确认，是由于胆囊结石引起的胆囊发炎。医生建议住院静养，不要熬夜和劳累。当时我在医院陪护，医生离开没多久，先生对我说，他刚买了一个笔记本电脑，特别轻，特别好用，在医院没事可以学学。我想，嗯，这个主意不错。于是我拿着先生给我的家门钥匙出去了，不一会儿我便把手提电脑带到了医院。开始先生给我演示笔记本的各项功能，等我出去打了开水回来，发现先生竟坐在电脑前工作起来了。我上前阻止：“医生说了，这几天您不能工作。”先生说：“有个邮件比较着急，需要回复，很快就好了。”哎，真是“防不胜防”啊。

再说“食”，不管是同事还是学生请先生吃饭时，先生谈论的话题大多都是跟学术相关的。很少谈论你家在哪买了房子，多少钱一平方米；又买了什么股票，最近涨了多少多少，等等。先生在科研上可以称得上是一个“纯粹的人”。我小时候印象中的科学家就是这样的，我认为这样的科学家才值得被社会所尊重、所推崇，这样的科学精神才值得被弘扬、被歌颂。

还有“住”“行”。来先生家里看望先生的多数都是同行和学生，偶有地方官员来先生家里探望，话题也是他熟悉的水资源。这几年我常陪先生去外地出差，不论是在火车上还是在汽车上，先生一有空就看资料，修改PPT，这些瞬间我都用手机记录了下来。后来我把这些照片整理了一下，在电脑里建了一个文件夹，命名为“医、食、住、行”。

刘先生很注重人才的培养，1999年，刘先生作为北京师范大学地学部主任，联合中科院地理所、中国水科院、清华大学、北京大学、吉林大学、黄河水利委员会等单位申请了国家“973”项目（国家重点基础研究发展计划），题目“黄河流域水资源演化规律与可再生性维持机理研究”（简称“黄河 973 项目”），刘昌明院士任首席科学家。这也是我国有关水方面的第一个 973 项目，项目结题时，获得多项国家级奖项，最耀眼的成就当属出了六位院士（王浩、王光谦、胡春宏、杨志峰、夏军、倪晋仁）。这些院士现在年富力强，已成为国家栋梁。2019 年 11 月 9 日，由北师大、中科院地理所、中国水科院共同承办的第十七届中国水论坛在北京友谊宾馆召开，论坛以“探索水科学未来，助力可持续发展”为主题，也正值黄河 973 项目过去二十年。2019 年 9 月 18 日，习近平总书记在河南郑州主持召开黄河流域生态保护和高质量发展座谈会并发表了重要讲话。经北师大水科院领导商议，在水论坛期间，专门设立一个分会场，召开一个纪念黄河 973 项目二十周年的座谈会。会还没有开始，门口就挤满了人，会场内更是座无虚席，会议室大屏幕上，在《我爱你中国》音乐背景下滚动播放着从各课题组发来的当年考察、采样、开会的照片，还有历届党和国家领导人对治理黄河的寄语。会议邀请到了 5 位院士，还有多位杰青、优青等学术带头人，好多当年的学生，如今都成了单位的中坚力量。过了二十年这个“大家庭”再次相聚，亲切问候，相互交流，会场气氛热烈。大家畅所欲言，深刻总结了这二十年黄河流域水资源、泥沙、生态环境等各方面所取得的经验和成就。有的与会者幽默地说道：这二十年虽然我们的两鬓变白了，但黄河两岸变绿了。

刘先生始终关注学科前沿问题，2005 年 2 月，在刘昌明院士和林学钰院士的倡导下，北京师范大学成立了水科学研究院。学院从最初的 11 个人，发展到现在的 60 余人，从最初的两个系（水文水资源系、地下水科学与工程系）发展到现在的四个所（水文水资源所、地下水研究所、水生态所、水安全所）和珠海校区的水安全研究中心。在上海软科学科排名中，北京师范大学水资源工程学科 2019—2021 年连续三年位列全国第一，世界第三。

刘先生还很注重“方法论”，他说做事情如果方法正确，可以起到事半功倍的效果。2016 年我们承担了中国科协下达的“老科学家学术成长资料采集工程”任务，我作为项目负责人，开始组织采集工作。当时刘先生由于不慎摔倒，造成右腿粗隆间骨折，在北京中医药大学第三附属医院住院治疗，我也常去看望和陪护。有一天，先生问我采集工作进展如何？我说工作开展得不太理想，先生说：做事情要讲究方法，如果方法得当，事情就完成了三分之一，甚至是一半。我突然感觉悟到了什么，随后我请来了北京市科协项目管理方的刘阳来指导，与李文华院士采集小组的负责人刘某承进行学习交流等，逐渐摸索出了一些经验，工作效率和进度都有了明显提高，我们的采集工作也如期完成。通过这项工作我也学到了不少东西，按刘先生的话说：一个人的一生都是需要学习的，最后用一句英语表达我的认知：Growing up is a learning experience。

吴永保

2023 年 3 月